北大建筑

土与砖

低技低造价建造研究

王宝珍 编著

机械工业出版社
CHINA MACHINE PRESS

序

1

当年在清华读闲书，读到蒙田为自己的健忘症罗列各种妙处时，我还忍俊不禁，却没留意我那时已显露出各种健忘的迹象。

读研中途，带老友老谢去我江西的老家，却径直走进别家院子，我自嘲说是早上雾大，他却不依不饶，说是连梦游者都不会找错自家；到北大教书初期，有次去清华东门参加活动，半夜回北大东门外的家，我记得这两处在同一条街的两端，就谢绝了学生的相送，独自往家走，却越走越觉森然，问一位抢修管井的橙衣工人，说是我走反了方向；在杭州的一次聚会，我错拿了刘家琨的行李，他对我的形盲程度极尽讽刺，说是我俩的行李虽有黑色的共性，却有箱与包的形别，并责备我那时近视多年却不戴眼镜的习性；就在那次聚会上，一位长者过来与我握手，寒暄过后，我向邻友悄悄打探这人是谁，后者愕然低声训我，说是这位院士上个月才请我吃过饭，并义正词严地谴责我的"忘恩负义"。

我在这些活动中，并没感到健忘的任何妙处，只有尴尬得不可名状。我渐渐不愿参加离家稍远的活动，也开始畏惧超过三五好友之外的聚会。

大概是我好为人师的癖好，才让我克服了记不清学生名字的恐惧，并在北大组课流变的学生间安坐了二十余年。苏立恒是我招来的第一位研究生，那时北大建筑学研究中心（以下简称"中心"）不同导师的学生都还一起上组课，他笑眯眯的面孔在这群学生中毫不起眼，但我对他毕业后租房制作节能墙体进行计量实验的事印象深刻，曾邀请他来组课上讲解他如何将那些实验带入他的实践。他在组课上自我介绍时说，在他读研期间，我常对着他喊着另一位导师的学生名字，他纠正过几次未果，就既不愿让我难堪，也知道我在喊他，他就将错就错地一直应着我毕业了。

2

随后一届的王宝珍，我能很快记住名字，大概是他与那时我正看《士兵突击》里的王宝强，既有名字的相似，也有一样河南腔的普通话，他的名字与他的倔强，尤其是他喜欢动手制作的习性，都与张永和留下的建造实践课的余韵匹配。

他见到中心因建造课终止而封箱的成套木工工具，既眼馋也手痒，就利用课余时间，用中心囤积的原木，独自制作了一张靠椅。我屡屡在组课上讥讽这张靠椅的不舒适，却无法阻挡他总想再制作些什么的冲动。时值北大东门拆迁，方拥教授带着工人捡回不少精美的汉白玉构件，还有木方与砖瓦，以备禄岛改造所用。王宝珍想用旧瓦在后山上铺设了一块瓦铺地，方拥即时地制止了他的制作冲动，理由是瓦应铺设到屋顶而非地面上。我一面告诫王宝珍别再动用中心囤积的建材，一面安慰他说，计成与李渔都曾推荐过瓦波浪铺地。

等我带着他们几位学生去明秀园进行建造实验时，王宝珍的建造天赋才真正展开，分给他师兄师弟们的设计，都在我的辅导下分别完成，只有他独自设计了一座结构清晰的竹材曲轩。最终，这些建筑一个也没建成，只有两处很小的场地设计得以实施，也都是他独立设计并督造完成的。王宝珍对在现场建造的这种狂热与冲动，帮他选择了土、砖、秸秆这些自然材料的低技建筑为硕士论文题——《土+砖+秸秆》，并直接影响了他毕业后持续至今的建筑与造园实践。

上个月，我带着溪山庭园林学堂的第一批学员去参观王宝珍的东麓园，从他堆叠池岸乃至将自然意象引入室内的妙笔中，我都收获颇多，而旁听他给学员的讲课，我却依旧有着当年在组课上一样的不适。他以为是造园思想与方法的讲述，依旧像是对造园手法的讲解与辩解。他依旧欠缺张翼那种理论推演的能力，因此也就导致他无法对这些造园手法设立可以评估的学科边界。

在王宝珍与张翼同时在我这里就读时，我就常常幻想他们俩能相互嫁接彼此的实践与理论天赋。

3

我至今还记得第一次见张翼的情形。

我那时在北大东门附近的咖啡厅撰写关于山水的博士论文，一身中山装的张翼，忽然到我对面坐下并向我致意。他腰板挺直，光头泛光，开门见山地说他叫张翼，是张飞缺"德"的张翼，我当时就记住了这个名字。他说他想跟我学设计，并调侃自己的光头是为装饰脱发的严重。我察觉到他调侃背后的紧张，就问他怎么找到我的。他说他对中国建筑界一无所知，唯一知道的王澍，还是他母亲收集了简报给他，等他从华南理工大学毕业后想要继续读书，就向在非常工作室工作的好友打听合适的导师人选，他的好友向他推荐了我，说我常来这家咖啡厅，他就来这里碰碰运气了。

我那些年在北大建筑养成的面试习惯，都是先问学生对建筑有哪方面兴趣。他说他正执迷于中国古代大木作的建造技术。在讲述他最擅长的领域时，他放松下来，兴致勃勃地谈及他参与各地大庙修建的经历，以及连古建教授都未必知道的庑殿斜脊如何安装的技巧。我那时才建完清水会馆，对大木作既无知识也无兴趣，就在他每次停顿时不断追问他，你这些兴趣能否带入当代设计实践。他事后告诉我，面对我始终不变的追问，他平生第一次有了想哭的冲动，不是基于畏惧或无知，而是他从未想过要将这些古建兴趣与当代设计相关联，他本以为这两者间有着自然而然的关联，猛然被我问及，才发现两者之间竟然一片虚无。

他提前来到我的研究生组课，顺带等着来年考试，很快就与入学不久的王宝珍彼此投缘。那时方拥教授正带学生营造禄岛上的新教室，因为是复原古建式样，张翼就轻车熟路地参与其间。在正房上梁之际，师生们都在翘首以待，张翼却跑去扶住支撑大梁的木柱，工人安装的大梁忽然歪散，几乎擦着张翼的头皮轰然坠地，我吓得魂飞魄散，勒令他不要再去方拥的工地。一次方拥带大家参观故宫，中途对我们提了一个无人能答的古建问题，只有蹭课的张翼给了答案。方拥好奇地问他从哪儿知道的，张翼说是自己琢磨出的，方拥盯着他狠看了一会，觉得不可思议，说他自己思考此事多年，才得出并未公开的类似结论。大概是被方拥盯得发毛，又担心会被方拥招去学古建，考了第一名的张翼，面试时一再强调他自学古建，只是为向董老师学习造园做准备，并无惊无险地归到我的名下。

他在我这里就读初期，既没有表现出对建造实践的兴趣，也没找到大木作如何与当代设计发生关联的接口。

4

王宝珍入学那年，我主持了张永和离开后最后一次建造实践课。我给出的秋季组课议题是"砌体"，研究的范围既有砖块，也有土坯；既有全无形状的毛石，也有赖特早年建成的那些华丽的砌块建筑，我甚至还将沙夫迪 1967 年在蒙特利尔建造的集合住宅，视为空间砌筑的案例。我将我收集的不同案例交给学生，让他们自行选择各自感兴趣的案例进行研究，王宝珍大概那时就选择了哈桑·法赛的土坯建筑，并成为他后来硕士论文研究的内容之一。张翼那时还没入学，却挑选了赖特的砌块建筑进行研究。他在组课上详细讲解了赖特那些纹样华美的砌体建筑，并试图寻找它们与赖特的老师沙利文关于装饰纹样著述的关联。我中途向他提问——赖特这类砌筑建筑，既然建成时就遭遇到墙体漏水问题，它们本可用赖特草原式住宅成熟的大屋顶来挑来解决，为何赖特这类房子却几乎没用到大屋顶？张翼虽得出赖特想要表现几何体量才放弃大屋顶这一结论，但更深入的研究，似乎难以为继。

张翼正式进入我门下读书时，我那时正在阅读卒姆托英文版的《三个概念》，我对里面数次出现"monolithic"具有"独石般"以及"单色的"这两种词意都有兴趣，以为这既可能是解读卒姆托建筑空间的造型关键，也可能与 20 世纪 60 年代兴起的大色域抽象画派有关，就将这一模糊的议题交给张翼，但这如一只鳞片般的线索，显然难住了他。我转而将斯卡帕为什么常用 5.5 厘米的线脚来浇筑混凝土的具体问题交给他，并让他考证这些是否与古希腊柱身上的凹槽线脚相关。我不清楚张翼如何将斯卡帕的线脚当作楼梯，又如何将古希腊柱身凹槽当成扶手，他忽然进入两者之间的文艺复兴的装饰语境。当他得出文艺复兴的线脚是为将建筑装饰成独石般的体量时，我还将信将疑；当他将装饰区分为"本体性装饰"与"再现性装饰"时，我忽然意识到，这或许是现代建筑被隐匿的核心议题之一；当他随后准备以《建筑装饰》为硕士论文题所展开的组课阐述中，其缜密的理论素养，似乎只有张永和的研究生吴洪德才可比拟。

5

张永和离开北大时，将还未毕业的吴洪德委托我继续指导。

我第一次在咖啡厅听吴洪德讲他关于图表的论文，竟有听不懂却觉得厉害的奇异感，这种感觉，我只在清华 601 宿舍听李岩讲建筑时才有过。我不舍得独自听，就请他暂停，我叫来我的几位学生一起听，其中大概就有王宝珍与张翼。我那时没想到，在一旁颇显懵懂的张翼，很快就让我将他与吴洪德视为中心并驰的理论天才。等张翼研二正式撰写论文时，我发现他的论文文体，就像是组课上的口语录入，我批评他的口语化文风，他则要我推荐论文写作的范本，我一时记不起来，就让他参考王骏阳翻译的那本《建构文化研究》，他再次表现出超凡的学习能力，他下次提交的论文章节，我已挑不出文字毛病。

在张翼写作迅速的论文初期，王宝珍的毕业论文已近尾声，我对王宝珍论文的内容比较满意，但对他的记叙文的写作倾向颇为头疼，想着张翼表现过这方面的超凡禀赋，就建议张翼帮忙把关。因为记得张永和希望中心能培养出有思想的实践者，也记得那次带他们几位学生参与明秀园建造实践时张翼的吃力，就督促张翼尽快完成毕业论文，以便毕业前我还有时间单独辅导他的设计实践，后来却不了了之。

张翼对毕业后的去向描述，我至今难解。一方面，按他的讲法，他比我还好为人师，他甚至愿花钱雇人听他讲课；另一方面，与我得知大学老师不用坐班就决意要当老师不同，张翼却决不肯进任何教学机构就职。我后来听说，他在广州创办了同尘讲坛，还听说听他的讲座得提前月余才能预约上，我既感夸张，也觉欣慰。张翼开设的同尘讲坛，很快对我这里就有了反哺，很有一些质量不错的考生，经由同尘讲座的洗尘而来。而我本人的受益，则是我读过同尘发表的一些质量不错的文章，尤其是张翼与陈录雍合写的《混凝土材料塑性表现的双重逻辑》，是我那些年读到的最好文章之一。

因为记得想为张翼补强设计的夙愿，几年前，我召集几位研究生一起参与何里拾庭的设计时，特意邀请他与王宝珍一起参加。王宝珍的设计一如既往总体动人，也一如既往总有几处强造处，张翼的设计却让我颇为失望，他撰写的那些相关构造与节点的精彩文章，竟完全没能投射到他自己的设计中。面对他既无节点也无构造的设计，我很有些气急败坏地旧话重提，再次要求他向王宝珍学习建造技巧，同时也希望王宝珍能以张翼的理论逻辑来克服他的炫技习惯。

积郁多年的张翼，终于没能忍住反驳我，他说没几个人能像您那样既精通建造又长于理论，当年您就老是恨不得我与宝珍合体，您不清楚这对我和宝珍的压力到底有多大，我们能各自精通一样技能就已殚精竭虑了。我忽然间就哑了口，我听出一些委屈，甚至一丝讥讽，我意识到，张永和要为北大培养有思想的工匠任务的确高不可攀，我退而求其次地想，我能培养出王宝珍与张翼这两类实践与理论专才，似乎也并不容易，有时，甚至要靠机缘。

6

我对他们是否由我培养而成，也并不确定。
大概是在明秀园那次建造实践课，远离了北大组课的激烈氛围，王宝珍不知为何会讲起他小时候就有制作的兴趣。他那时与同龄人一起制作各自的弹弓，做完后小伙伴会花钱买王宝珍做的弹弓，大概是因为他的弹弓既好用又讲究。

如此看来，我并没培养出他的制作兴趣，只是张永和为北大建筑培植出的建造氛围，共振了王宝珍本有的制作本能，投射到具体的建筑设计上，就呈现出清晰的建造工艺，我却总想把他并不擅长的理论思考，强加给他。

张翼在组课上显示出文艺复兴建筑理论的深厚素养，让我自叹不如。我有一次问他是否在本科就积蓄了西建史素养，他神情古怪地提醒我是否记得他对中国古建大木作的最初兴趣。我一时羞愧难当，忽然记起他常以柏拉图的《理想国》来起兴装饰起源的话题，就转而问他是否很早就对柏拉图感兴趣，他点头称是。

这大概能解释他理论缜密的来源。有了柏拉图哲学的兴趣打底，当他为阐述装饰一词而阅读文艺复兴的建筑理论时，哪怕是救急式的阅读，也大抵不会失去逻辑，并以此驾驭他关于"本体性装饰"与"再现性装饰"这两种我至今还难区分的概念。就此而言，我也并没教过他本已擅长的逻辑缜密，大概是我初次见面就逼他将已有的兴趣投射到现代建筑上的压力，推动了他将本科时的哲学兴趣嫁接到建筑思考上时，才嫁接出他关于建筑装饰议题的理论深度，我却总想将王宝珍的建造天赋强加于他。

我有时难免会虚构，不知张翼将柏拉图理论的兴趣投射到他最初的大木作兴趣上，将会展现出中国建筑怎样的现代建筑理论前景。

7

直到比张翼晚九年入学的朴世禹，写成了《传统大木建筑的空间愿望与结构异变》毕业论文时，我才清晰地意识到中国大木作结构所能展现的空间潜力。

性格温和的朴世禹，大概是在三年间从没被我训斥过的第一位学生，我既想不起他如何选定大木作的论文题，也记不起他论文展开的具体内容，只模糊记得他每次组课讲述论文时都波澜不惊，既无让我眼前一亮的惊奇，也从无让我觉得堵塞的硬伤，我也因此在很长时间都记不清他的名字。等晚一届进来的张逸凌准备撰写日本书院造的论文时，我对书院造梁架结构一知半解，就让他去咨询才研究过大木结构的朴世禺，在她的论文组课上，我就屡屡听到朴世禺的名字，我才候补式地记住了这个名字。

朴世禺毕业后，去了故宫博物院，在张逸凌最后一年的论文组课上还常常出现，并实质性地充当了张逸凌的副导师。他经常抽空来我的研究生组课，有时也会在组课上讲解他正感兴趣的一些议题。我有一次问他在故宫里工作的感受，他黝黑的脸上立刻就笑出白齿，说是除开每月发工资那天有些犯愁生活外，他每天都觉得特别有意思，无论是勘查现场，还是旁观故宫建筑的修复；无论是查找文献，还是偶尔有机会在故宫里做些展陈设计，都让他觉得既兴奋又新鲜。我在他这些看似普通的描述中，发现他并不平凡的性格，他的拮据生活，既然没能压倒他的兴趣，就将保护他推进专业兴趣的持久性。后来又听说他出版了一本相关古建技术的科普畅销书，欣慰之余，就问他是否在本科就对大木作有兴趣。他果断地摇头，说是我那时开始对日本书院造空间感兴趣，就将大木结构的准备知识交给了他，他从一无所知处进入大木作空间的构造领域，他越是研究就越觉得有意思，后来就变成了他的硕士论文题。

8

我对大木作起兴的缘由，确实是在朴世禺入学前后。

我父亲去世那年，我正在阅读葛明送我的筱原一男作品集，见到他以大屋顶、土间这些日本传统建筑要素所展开对现代建筑空间的精彩论断，就在《天堂与乐园》的章节里，模拟着写了些与中国建筑屋顶、墙身、宅地与身体文化相关的片段文字，并尝试着推演中国传统大木建筑对现代设计的可能性潜力。

一次与葛明在红砖美术馆闲聊建筑，他对红砖美术馆小餐厅以仿木混凝土架构出的空间剖面极有兴趣，我则得意于小餐厅二次改造时的转角打开。我炫耀它以减柱的结构方式获得即景应变的空间效果，葛明则兴奋地谈及他在微园曾以移柱来加密柱子所获得的空间疏密的效果。

正当我俩眉飞色舞地对结构性的减柱、移柱、密柱可能带来的空间效果进行畅想时，一旁古建专业出身的周仪听不下去，她冷哼了一声，说是你俩根本就在滥用减柱、移柱这些专业术语，并断言说，日本光净院客殿的减柱空间才真正精彩。

我那时已动了想去日本看看的念头，正好葛明微园的甲方想邀请我俩一起去京都，以感谢我对微园置石提供的一些建议。我和葛明到了京都，却发现光净院客殿既不在京都，也不对外开放，只对特殊学者预约。那次京都之行，我不但参观了我所聚焦的几个庭园，也刻意留意了周仪提醒我书院造长押的空间设计潜力，并猜测日本当代建筑以梁架围合空间的案例，多半就源于书院造利用梁下长押围合的空间意象。

隔年与周仪再去日本，她提前预约了日本两大书院造经典——劝学院客殿与光净院客殿，尽管我们是在一位僧人帮忙开门引导或监督之下，仅仅一瞥两个客殿内外空间架构，就足以让我动心。在《天堂与乐园》里，我曾描述过它们对我的结构性刺激，我对中国大木空间常以减柱或移柱来解决内部宗教场景的空间意象并不满意。我以为，若是能找到中国建筑对外部景象曾有即景反应的空间经验，就能克服当代建筑只能对材料、结构、空间进行自我表现的炫技困境。

我那时虽从周仪撰写的《从阑槛钩窗到美人靠》一文中，发现了中国建筑装折部分有对户外风景的装折意图，也在自己阅读《营造法式》时发现了截间屏风与照壁屏风这类分割空间的隔截方式，或许能与筱原一男针对日本空间分割相互比照，我甚至还尝试着对分割与分隔、隔截与隔断进行词义辨析，以推演它们对空间设计的差异性潜力。基于现代建筑空间与现代框架结构的密切语境，总以为大木结构比装折体系对现代空间的影响才真正关键，当我在劝学院客殿与光净院客殿里，发现它们各自减柱的结构设计都有为身体在广缘间直面风景明确的空间意图时，尤其是它们利用移柱的方式所得到的转角打开的空间指向——我一直以为是赖特的专利，我当时的喜悦无以言表，我希望有人能以日本书院造的大木空间为比照，来研究中国大木作的空间潜力。

朴世禺恰逢其时地承担了这一任务，他不但全面比较了中日大木结构的基本差异，也远比我系统地阐释了中国大木结构有对现代空间设计展现出的各种潜力。而晚他一届的张逸凌，则直接以《建筑设计视角下劝学院客殿与光净院客殿之对照分析》为她的硕士论文题。我和常年参加中心答辩的李兴刚与黄居正，一致认为这两篇论文是我所有学生论文里最优秀的几篇之一。

9

检讨这几位学生论文题目的来历，我开始反省我对学生定题方向的错觉。

多年前，葛明就劝我让学生撰写我所聚焦的园林议题，我总是说我当年读王国梁老师的博士时，就得益于他对我所感兴趣的论文方向没设限制。我最理想的学生，是那些自带兴趣与问题的学生；我最理想的教学方式，是帮助学生们推动他们各自感兴趣的议题，只有那些没带兴趣来我这里的学生，我才会给出议题建议。多年来，我一直自得于我带过的三十几位研究生，研究园林的只有零星几位，其余论文方向的多样性一度让我产生过百花齐放的幻觉。

如今想来，我自己带过的学生，除头两届学生自带了兴趣来我这里外，往后的学生，似乎只有王磊与薛喆的论文方向是他们自己的兴趣所致。化学系转来的王磊，因为自带了对植物的兴趣，就撰写了《植物与现当代建筑的关系初探》，而薛喆自行撰写的《建筑设计中的徒手曲线》，是我既陌生也无感的领域，其余学生，即便是张翼关于建筑装饰的论文，其起兴的几处片段，都是我有兴趣却力不从心的线索。如今看来，我那些学生论文看似毫无规律的论文题，大致还是夹杂着我对身体与行为的空间兴趣、转角打开所带来空间潜力的兴趣，以及我对现代空间装置艺术的久远兴趣，它们似乎都开始偏离王宝珍那届建造实践的方向。

但这些论文选题的方向，也并非全由我主导。我记不清是朴世禺还是哪位学生，在讲解自己的论文时列举过中村竜治那些以梁、基座等建筑术语命名的装置，我和组课的学生都很喜欢，就交给比张逸凌再晚一届的秦圣雅研究，她撰写的《中村竜治装置中的分割与意象》论文，与张逸凌、朴世禺的另两篇论文，都是我近十年带过的最优秀的毕业论文。

这三位三届接续的学生，他们的本科学校都很普通，他们考入中心的成绩都是录入学生中的末名，他们都没自带建筑方面的兴趣，一开始也没显示出非凡的个性，但对我交给他们的议题，却都有推动问题的扎实能力，却都写出让我觉得皆可出版的优秀论文，他们就都没经历过我的严厉批评，以至于张逸凌听说师兄师姐都有被我训哭的经历时，她瞪大眼睛看我不敢相信，她大概是第一位说我性情温和的学生。

这多少让我觉得安慰，他们大概能证明三件事：我并非只能通过严苛才能教好学生；类似我这种没有显赫本科的学生，也能学好建筑；学生们是否自带兴趣来我这里，也并非能否写好论文的关键。

10

当初面临中心被取消时就想筹划这些学生论文的出版一事，直到最近才具体落实，预计将要出版的十二本，因毕业生各自的事业繁忙，未必一定都能完成，我选择先出王宝珍的《土＋砖＋秸秆》、张翼的《建筑装饰》、朴世禺的《大木与空间》这三本由论文扩展的著作，并非因为他们的毕业论文最佳，而是他们都曾各自出版过比较畅销的著作，我想以此来减轻出版社的经济压力。

当我准备为这三本先行出版的论文写个总序时，才发现我那本一起出版的《砖头与石头》，更像是我为何张罗这批学生论文出版物的一篇长序，在封面括号里的清水会馆（记）、北大建筑（记），分别记录了我对清水会馆被拆以及北大建筑学研究中心被撤的两种新旧不一的情绪。我既想用清水会馆新近被拆的新鲜情绪，来对冲北大建筑早已消亡的悱恻惆怅，又想用预计十二本学生论文的出版周期，来延长北大建筑依旧存在的幻觉。

一个月前，退休了两年的王昀老师来我办公室，参加北大建筑最后一届研究生答辩，听说我也不再招收学生，常年担任答辩委员的黄居正与汪芳都有些伤感，都在问我既然还有几年退休，为何不继续招生，我回答说是因为没了王昀老师的庇护，而更真实的情绪则是我不想再苦心经营北大建筑依旧持存的幻觉。答辩过后，王昀如释重负地与我道别，笑眯眯地向打点中心办公室已二十余年的张小莉老师致谢，并希望她能坚持到我也退休之际，张小莉眼含热泪地说她也准备收拾回家了，并感谢黄居正、汪芳老师这些年对中心的大力支持。我对这种离别情绪，当时都有些麻木。

隔几日在办公室再见张小莉，我忽然心血来潮地想劝她再留几年，我知道她喜我这里学生兴旺的情形，这几年毕业生不能进校参与我的组课，让她倍感冷清。半年前，我破天荒地招来一位在美国念书的本科生来千庭工作室实习，大概还想维持中心还有学生上课的幻境。我向她许诺，接下来，还会有一位同济的实习生，加上千庭工作室的钱亮与张应鹏，都是她既熟悉也喜爱的我的毕业生，我希望她能一如既往地管理他们。我还说，如果连你也要和王昀一起离开，我可能也不愿再来办公室，我大概会带着钱亮他们去外面的咖啡厅里工作。张小莉很是唏嘘伤感了一会，终于答应我再坚持个一年半载再说，我当时所觉到的心安，后来证明还是幻觉。

半个月后，一位南方的设计师和钱亮联系，说他想来办公室看望我，钱亮说董老师最近几乎不来办公室了。我是在这位朋友的电话转述中，才觉察到我的习性改变，我有意无意地以各种忙碌为由，避开我过去常去的办公室，大概是师生们都一一离开后的孑然处境，我并不习惯。

11

2005年，张永和在北大建筑学研究中心初创期的辉煌间离开时，我也不适应。

张永和为北大建筑学研究中心构想的理想架构，是由导师负责的工作室制。学生除开选修北大外系的必要学分外，头两年主要参加建造研究与城市研究这类通识必修课，第三年可选择不同导师的工作室，完成各自的毕业论文。我那时还没有招收学生的资格，却是我最喜爱的教学状态，我既可选择张永和的研究生中我有兴趣的话题进行交流，又不必承担他们能否毕业的责任，我那时交往最多的是臧峰、黄燚、王欣、李静晖这几位。

方拥接手后，研究生一进来就被分配给导师，我一开始也并不适应，虽说有师生间面试时的相互选择，但每几届学生里，总有个别让我觉得力不从心的学生，但却没有了先前那种可以调整导师的机会。

我原以为，对那些不能举一反三的学生，任何导师大概都会无能为力。我那时在组课上常常气急败坏地咆哮说，你们都知道孔子说过有教无类，但从不提及孔子还说过不能举一反三者就不必教了。但吴茜在我这里的求学经历让我警醒。她最初在我这里，对我让她研究我一直迷恋的堀口捨己的庭园与建筑，她既有兴趣，也极认真，但每次汇报时，我总觉得她把握不住重点，高压之下，她转到方海名下，在后者宽松的育人氛围里，吴茜撰写相关巴洛克剧场的论文却相当精彩。每念及此，我对那两位转到方海名下的学生，以及临近毕业却决定退学的一位学生，总有难以抹去的内疚感。

12

三年前，我决定停止招生时，曾收到过一位考生的邮件。他责备我的自私决定，导致他这类没有名校背景的一批学生，都失去了二次深造的机会。我并不觉得我那时只有一个名额的招生，能缓解这类普遍情形，我既没回邮件，也没觉得内疚。

我这些年来最觉愧疚的学生，是北大城环学院的一位本科生。或许是听过我在北大的两门通选课，中途想来参加我的组课，我将日本茶室的八窗主题交给她研究，她断断续续地在我的组课上讲了一年左右，我和组课的学生们，从开始的严苛批评，到后来都觉得有些意思，她也渐渐来了兴趣，等她毕业那年，她提出想通过保送的方式来我这里读书。正好王昀那时与我合计，既然我俩每年都各自只有一个招生名额，不如干脆只招保送学生，既可避免出题的麻烦，也可避免学院招生简章上已删去建筑方向的招生尴尬。我对此自无不可，回头问那位学生是否具备学院保送的成绩要求，她对此很有信心，我就口头同意了保送一事。

等临近出题时，张小莉听说我们这届只想招收保送学生时，她坚决反对，说是中心这些年近乎隐形，招生是唯一能证明我们还继续存在的对外讯息，王昀执掌中心这些年的无为而治，从没违逆过张小莉的任何建议，这次也一如既往地答应张小莉我们会继续出题招生，我尽管觉得为难，但也以为张老师的建议合情合理。下次组课结束时，我约了那位女生在中心的藤架下谈话，我极为艰难地描述了中心的困境，并抱歉我不能独自招收保送生的决定，得知她已错过学院调整保送单位的时机，我当时的愧疚感，一言难尽。她尽管失落，但还是向我指导过她的研究，诚恳致谢，既无怨言，也无责备地与我道别。

撰写这篇不像是序的长序，本为避免重复我那本《砖头与石头》里更像是序的文字，但我还是忍不住复述我在《北大建筑（记）》里的最后一段文字。尼采在残篇《希腊悲剧时代的哲学》的残序里以为，人类历史上建立过的所有体系，都会被后世所驳倒坍塌，在废墟间熠熠生光的，不是那些体系的残垣断壁，而是架构体系之人的个性光芒。

就已消亡的北大建筑学研究中心而言，这些个性，不单属于创建了北大建筑体系的那些教师，也属于在中心求学过的所有学生，他们既包括像曾仁臻这种常年参加我组课的旁听生，也包括那位我本应招入北大建筑的优秀学生。我上个月还因健忘在北大迷路，但我至今还清晰地记得，几年前那位女生推门离开向我致谢时的那种落寞却不失修养的神情，也记得上个月曾仁臻带我看他在溪山庭绘制在不同角落的小画时那种既矜持又自得的神情，其清晰程度，并不亚于我对王宝珍、张翼、朴世禹先后在我组课上两眼放光且历历在目的记忆。

董豫赣
2024 年 8 月

目录

序　2

第 1 章 总述　12

1.1 对象与范围　12

1.2 背景与方法　13

1.3 目的与意义　13

第 2 章 泥土建造　14

2.1 泥土建筑概述　14

2.2 土坯建造　16

2.3 夯土建造　46

2.4 袋装泥土建造　49

2.5 低技低造价建造方式的蜕变可能　56

2.6 本章小结　59

第 3 章 砖材建造　60

3.1 低造价墙体设计　60

3.2 低造价的砌体"过梁"设计　67

3.3 低造价的楼板和屋盖设计　70

3.4 低技低造价砖建造的蜕变可能　82

3.5 本章小结　85

第 4 章 总结与讨论　86

4.1 目的一　86

4.2 目的二　86

4.3 未来展望　87

附表　88

参考文献　98

第 1 章 总述

在北大读研究生期间，我对低技低造价建造产生了浓厚的兴趣，缘由大概有几个方面。其一，随着我国经济的发展、人口的增长，建筑活动也如火如荼地展开，但是现代材料和技术尚未普及，建筑的造价则日益攀升，许多民众（尤其是经济欠发达地区的民众）买不起也盖不起房子。能否建造出低技低造价的优秀建筑，成为我当时关心的一个问题。其二，我喜欢用常见的材料和技术去做设计，很多低技低造价的建筑中蕴藏着大量的建造智慧，能给予当代建筑师很多启发。其三，大量低技低造价建筑的建造过程与建造结果都非常自然，使建筑与自然达到高度和谐，这对当代建筑设计亦能带来很多启发。

兴趣使然，我做了不少关于低技低造价建造的学习和研究，基本是以低技、低造价为视角，以材料建造为切入点，落脚点则是建筑的结构与空间。研究过程中，董豫赣老师给予了很多的批评与指导，师兄弟们也提供了很多建议与帮助，甚是感激。当初的研究，材料的涉及面很广，包括：泥土、砖、混凝土空心砌块、瓦片、竹子、木棍、秸秆、钢筋、钢丝、钢管、瓶子等。现在，借"北大建筑"丛书编纂之机，我将当初关于"土与砖"的部分研究加以整理出版，以期对建筑师朋友们有些许的益处。

1.1 对象与范围

低技、低造价是相对的概念。低技，主要是指不过多依赖现代化机械设备，只依靠普通的或稍加培训的劳动力就可完成的技术；低造价，是指在一定的背景下，与其他建造方式相比，造价比较低。建筑的材料成本是建筑成本的重要组成部分，并且建筑材料很大程度上又决定了结构形式和施工方法，进而再度影响建筑造价。研究以建筑师的视角思考技术与造价问题，着重研究两种建筑材料——土与砖（包括混凝土砌块）——的低技、低造价建造方式。在两种材料各自的语境下，分别针对三个方面进行研究：素材如何转变为建材；墙体如何建造；屋顶如何建造。在"砖建造"

部分不讨论素材如何转变为建筑材料，补充砖材建造与层数因素的造价关系。

1.2 背景与方法

建筑造价是每个建筑都需考虑的问题，可是造价在每栋建筑中的作用不尽相同。直接以低技、低造价的建筑原则为主题的文献比较少，大多是在环保、乡土等建筑研究书籍中夹带一些低技、低造价的建造方法。本书就依据研究目的，对低技、低造价的建造方法进行筛选、归纳总结。

直接提出以低技、低造价为建筑原则的建筑师，国外有：埃及建筑师哈桑·法赛（Hassan Fathy）、印度英裔建筑师劳拉·贝克（Laurie Baker）㊀、乌拉圭的建筑师迪斯特（Dieste）等；国内有：刘家琨、谢英俊等。文章详细研究了他们的低技、低造价建筑策略。

没有直接提出以低技、低造价为建筑原则的建筑师，在一些特殊情况下也应用了此原则，譬如柯布西耶、密斯、赖特等，我也对其进行了归纳总结。在具体的情况下，已有的建造方式可能没有发挥最大的潜力，本书将作者的补充思考列于每章小结部分以供参考。

1.3 目的与意义

1）通过对两种材料——土与砖（包括混凝土砌块）——的低技、低造价建造研究，试图为经济不发达地区提供行之有效的建筑方法。此为本书的主体，也是基础。

2）也许正是材料自身的特征以及低技、低造价的限制使设计蕴含着智慧，这些智慧值得我们不断玩味，成为我们创作的源泉。再加上文化、建筑思潮、现代工艺等因素的渗入，于是，建筑设计可能就从纯粹的低技、低造价的建筑原则中蜕变出来，而低技、低造价的建造方法兴许只是建筑设计的一个切入点、启发点或其他更高目的的一个载体。此为本书的延伸。

㊀ Laurie Baker 为 2006 年普利兹克奖的提名者。

第 2 章 泥土建造

2.1 泥土建筑概述

2.1.1 简史

1. 土坯建筑简史

土坯不仅历史悠久,而且应用地域广泛。

目前发现最古老的土坯住宅位于古代巴勒斯坦的杰里科,大约建于公元前 8300 年,平面为圆形或椭圆形。大约 4000 年以前,古埃及开始修建内部为泥砖结构,外层覆盖大石块的,高约 76m、底边长约 106m 的金字塔。大约就在同一时期,巴比伦也出现了高约 49m 的土质金字塔,塔表面为了增加耐久性采用的是烧制砖。到 7 世纪,巴比伦开始修建高 90m 的通天塔,用的也是土坯,表面覆盖烧制砖和沥青灰泥。13 世纪,英国出现了土坯(草泥黏土)建筑,到 15 世纪,土坯建筑已经是英国很多地方的标准建筑了。到 16 世纪晚期,德国当时的政府直接强调应该用泥土建造房屋以保护仅存的森林;18~19 世纪,德国出现了成千上万的土坯住宅。第一次世界大战之后,因为缺乏加工过或者外地运来的建筑材料,德国建造了好几万座土坯墙建筑;第二次世界大战后,德国又建造了 4 万栋土坯住宅。

在亚洲,中国、日本、印度等也有众多古老的坯料建筑。在美国西南部,西班牙人来到之前,普埃布洛人世世代代用泥砖在绝壁上建造谷仓和住宅。

2. 夯土建筑简史

对于夯土建筑,中国殷商时期的古城墙就采用的是夯土技术,公元前 2000 年开始建造的长城的一部分也采用的是夯土技术。目前发现,最早关于夯土的文字记录是 1 世纪古罗马历史学家普林尼撰写的《自然历史》。

据估计,20 世纪 90 年代,全世界有 1/3~1/2 的人住在泥土建筑中。在中国,就有大约 1 亿人住在土坯或者夯实泥土的建筑里[①]。在也门共和国，现代的土坯住宅一般能建到 4~8 层（图 1），已经非常复杂了。

2.1.2 相关学术背景

1. 土坯建筑

一直以来，土坯建筑的建造都是依靠世代相传的经验，不同地区的经验又有所不同。直到近现代，人们才对土坯建筑进行了一些较为系统的总结和研究。埃及建筑师 Hassan Fathy 自 20 世纪 20 年代起做了大量的土坯建筑的实践研究。20 世纪 30 年代早期，美国俄克拉荷马大学开始研究土坯的加固和保护措施。1942 年，现代建筑大师赖特（Frank Lloyd Wright）在得克萨斯州使用土坯设计了一栋别墅（图 2），这一时期赖特致力于土坯建筑的研究。20 世纪 40 年代，另一位现代建筑大师勒·柯布西耶开始思考采用土坯或夯土建造房子。1948 年，W. 法斯（W.Fauth）编写了一本名为《黏土砖建筑实践》（*DerPraktisch Lehmbau*）的书，第一次详细举例说明了以农作物为基础的轻质黏土砖的混合和压模办法。1949 年左右，苏联做了一些关于土坯建筑的专门研究，我国翻译引进——《土坯建筑》。1958 年左右，我国又做了一些福建和广西地区土坯建筑的调查研究工作。1978 年英国古建筑复原家 Alfred Howard 完成了一座公共汽车候车亭，引起英国草泥黏土（土坯的一种）建筑的复兴；大约同期，英国普利茅斯大学的 Larry Keefe 创办了泥土建筑的研究小组（时间不详），多次主办泥土建筑的国际会议，会议名字为"泥土制造"。1981 年，Richard Ferm 应泥土建筑国际基金会之邀编写《稳定土坯建筑介绍手册》，1985 年在中国北京举办的泥土建筑国际座谈会上，与会人员人手一册。1985 年，美国的加利福尼亚大学伯克利分校做了一次地震测试，研究土坯添加"限制"的可能性。1989 年，美国的 Lanto Evans 和 Linda Smiley 创办了草泥黏土公司，发展了"俄勒冈草泥黏土"，出版了《草泥黏土工作者：怎么建造你自

[①] Gideon S. Golany．Chinese Earth-Sheltered Dwellings: Indigenous Lessons for Modern Urban Design University of Hawaii．1992．

图 1 也门的多层土坯建筑，来源：Flickr 用户 Dan

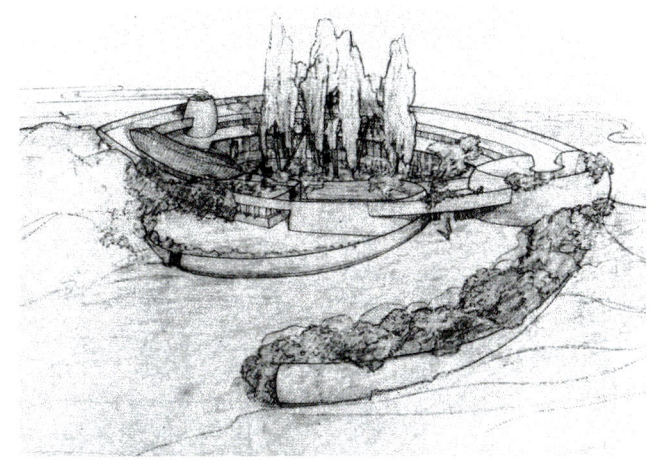

图 2 土坯别墅（赖特）

己的泥土之家》。

2. 夯土建筑

18 世纪后半叶，法国的一名建筑师——弗朗索瓦·刚德赫斯

（Francoís Cointeraux）——意识到夯土的广泛应用，他迷恋上夯土建筑的简单和耐久，撰写了很多关于夯土技术原则的书。在他的鼓励下，很多相关的文章也出现了，不只在法国，还有英国和美国。后来的一些杂志文章显示，整个 19 世纪以及 20 世纪初期，有大量的夯实泥土建筑被建造起来。20 世纪 70 年代由法国格勒诺布尔建筑学院（EAG）的毕业班组成的一个泥土建造者研究中心（CRATerre）在非洲、亚洲和南美洲建造了很多村庄。20 世纪中后期，美国建筑师大卫·伊斯顿（David Easton）也致力于提高夯土建筑的建造速度的研究，并有一定进展。

目前欧洲进行泥土建筑研究的有德国卡塞尔大学 Gernot Minkle 教授领导的试验建筑研究实验室（BRL），以及法国格勒诺布尔的泥土建造者研究中心（CRATerre）。美国的加利福尼亚大学和一些建筑师（比如 John Fordice 等）也有持续关注泥土建筑。

现在看来，泥土建筑之所以能被持续关注和使用，是因为它具备以下特点。

1）造价低：原料易得，只需偶尔（或根本不需）从外地运输过来，能节省大量的运输费。那些会对环境造成污染的能量密集型工业建筑材料，像黏土烧制砖、刨光木材、水泥、钢筋等，在工业不发达的国家和地区是很昂贵的，而用泥土墙可以减少一半的木材，如果屋顶采用土坯砖砌成的拱顶或圆顶，木材的用量将会更少，造价会更低。土坯施工简单，不需要特殊的、大量的机械就可完成。

2）很好的储热能力和热传导性能（图 3）：有利于冬季保温、夏季隔热制冷，很适合用于被动式太阳能设计，进而降低燃料的消耗和由此引起的污染。

3）较好的隔声性能：厚重的泥土墙能够创造宁静的室内环境。

4）很好的湿度平衡能力：泥土对室内湿气的中和能力很强，也就是对湿气吸附和解吸附的能力很强，泥土建筑（墙体面层为泥浆）的室内湿度通常保持在 50%（±5%）。

5）无毒性：许多现代工业加工的建筑材料和装修材料会释放一些有毒的化学气体，而自然的泥土是纯天然的，无任何毒性。

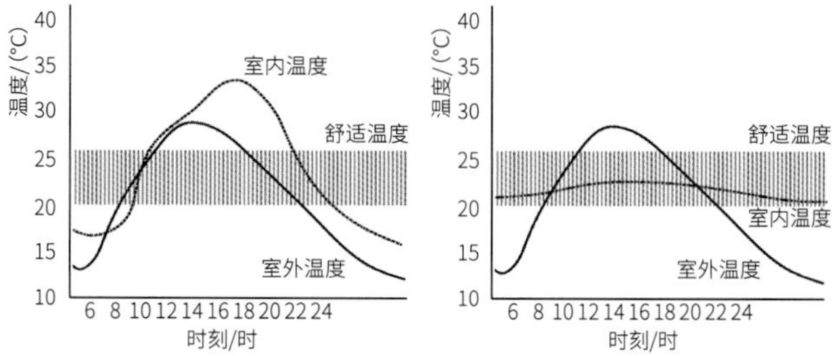

图 3 左图表示 10cm 厚的预制混凝土墙体、平屋顶的房屋温度的变化：粗实线为室外一天的温度变化，虚线为室内一天的温度变化，竖线表示人体感到舒服的温度范围；右图表示同样大小 50cm 厚的土坯墙体及土坯拱顶的房屋温度的变化：粗实线为室外一天的温度变化，虚线为室内一天的温度变化，竖线表示人体感到舒服的温度范围，重绘

2.2 土坯建造 ⊖

2.2.1 概念

在西方，“土坯”（adobe）这个词来源于埃及词语“软泥”（thobe），意为砖形物。在阿拉伯语中这个词是“at-tob”，而在西班牙语中为“adobe”。英语称“黏土块”（clay lump），

⊖ 本节技术资料主要参考：
Laurie Baker，Mud。
Gernot Minke．Building with Earth．Germany，2006；J.M.Richard．Hassan Fathy．London，1985。
Jean Dethier, France．Down to Earth——Mud Architecture: an old idea, a new future．1981 James Steel．An Architecture for People: the complete works of Hassan Fathy．London．1997 Hassan Fathy．Architecture for the Poor．USA，1973。
James Steel．Hassan Fathy．USA，1988。
H. B. Нагорский．土坯建筑．张秋涛，译．建筑工程出版社，1958。
林恩·伊丽莎白，卡萨德勒·亚当斯．吴春宛，译．新乡土建筑——当代天然建造方法．机械工业出版社，2005。
时代建筑．同济大学出版社，2007（4）。

有时候也叫"黏土"(clay earth);法语称其为"成形砖"(brique crue),或者叫"生土"(clay-earth);德语叫作"黏土砖"(lehmziegel),或者就简单称黏土;在也门,土坯砖是"madar"㊀。

为了研究叙述,本文借用苏联对土坯概念的界定:用未经焙烧过的黏土掺以麦草类有机掺合料制成的建筑材料称为土坯。土坯制品及坯料工程的种类繁多:各种尺寸的砖块或砌块,整体夯筑的坯料包括墙壁、抹泥、屋面及地坪等㊁。

本节接下来将针对土坯的制作、土坯墙和屋顶的建造、土坯建筑的抗震防水等问题展开论述,试图在纸上弄清楚如何低技、低造价建造土坯房子。

2.2.2 土坯的制作

土坯主要由黏土、添加物(植物纤维、动物粪便等)等组成。

1. 黏土

土壤基本上由黏土、沙土、粉砂、沙砾等组成。

黏土是最重要的土壤成分,因为它具有黏性,变湿后能够把土壤中的各种成分黏结在一起。黏土在水中会消散,而一旦干燥就会变得坚硬。最好的土坯和灰泥面层材料所含黏土在8%~15%之间。黏土含量过高(超过30%)则会导致额外的爆裂。黏土的种类繁多,在遇水情况下,有些黏土会膨胀,然后在干燥过程中收缩,一胀一缩就会引起破裂(例如高岭土、伊利石)。热带发现的红壤(铁矾土)非常稳定。最理想的建筑材料为含沙黏土(有时也称为黏土沙),但含沙量也不能太大,否则土坯的抗水性就会大大降低。

沙子由各种小石头和纤细的微粒组成,主要成分为石英。沙子微粒的大小从6.35mm到肉眼几乎看不到的都有。沙子不能单独用来制作土坯,但若掺进黏土等添加剂便能成为理想的泥土墙的材料。

粉砂是非常小的石头颗粒,单位的粉砂太小了,肉眼几乎看不到。粉砂微粒在湿润或者受压的情况下会聚在一起。大量的水会让粉砂变得柔软而有弹性,但黏性不是很大。粉砂不是坚固的土壤,它们遇水就失去强度而变得柔软。天气变得湿冷的时候,粉砂会膨胀从而失去强度。但若与黏土等黏结剂混合,便能成为很好的材料。

沙砾的成分是很多不同种类的粗糙小石块,这些小石块的大小在6.35~8.46mm不等。小石块的形状可能是圆的、扁的或者有棱有角的。黏土状沙砾可用来制作土坯,只要其中的小石头的尺寸小于6.35mm。

有机土在湿润的时候柔软且有弹性,有明显的腐烂气味,通常为深色。土坯建筑中应该避免使用有机质含量高的土壤。

由于土壤种类繁多,所以对于每一个建筑物、每一个新的建筑工段,都必须进行黏土试验,以确定黏土的含量是否合适。

(1)黏土取样㊀

方法一:挖掘一个圆形或方形的洞或探井,其深度与预定开采深度相同。如果井内的黏土是匀质的,则从井壁的垂直沟(沟长与井深相同)中采取试样就够了。井的深度一般不超过2m,因为从很深的地方挖掘黏土比较困难,同时也不经济。把从沟中取出的黏土仔细搅拌,然后才能按照所采取的方法进行试验(图4)。

方法二:利用"钎钻"从不同的深度取出土壤试样,此法比

㊀ 林恩·伊丽莎白,卡萨德勒·亚当斯. 吴春宛,译. 新乡土建筑——当代天然建造方法. 机械工业出版社,2005。

㊁ Н. В. Нагорский. 土坯建筑. 张秋涛,译. 建筑工程出版社,1958。

㊀ 本节技术资料主要参考:
laurie Baker. Mud。
Gernot Minke. Building with Earth. Germany. 2006, J.M.Richard. Hassan Fathy. London, 1985。
Jean Dethier, France. Down to Earth——Mud Architecture: an old idea, a new future. 1981 James Steel. An Architecture for People: the complete works of Hassan Fathy. London. 1997 Hassan Fathy. Architecture for the Poor. USA, 1973。
James Steel. Hassan Fathy. USA, 1988。
Н. В. Нагорский. 土坯建筑. 张秋涛,译. 建筑工程出版社,1958。
林恩·伊丽莎白,卡萨德勒·亚当斯. 吴春宛,译. 新乡土建筑——当代天然建造方法. 机械工业出版社,2005。
时代建筑. 同济大学出版社,2007(4)。

较迅速而且容易（图5）。钎钻的主要部分为一个由 3mm 厚的钢板卷成直径 50mm 的圆筒，圆筒侧面有一条宽 25mm 的缝。圆筒的长度共 220mm，下部开缝部分为 150mm，上部占 70mm。圆筒的上部紧包着木柄的下端，木柄的下端用钉钉牢。将圆筒的下端边沿磨得锐利，以便很容易地插进土壤。直木柄粗 35mm，下端有一插入圆筒的加粗圆柱。木柄上带有一把手，以便钎钻插入土壤时转动、提起。在木柄上，从圆筒的底部起，每隔 10cm 刻一条线，以便算出土壤试样的深度。

（2）土壤成分的测定　为了确定用某种特定土壤制作的土坯混合物拥有理想比例，首先需要知道该土壤的成分及其比例。另外，由于很难进行精确的计算，所以最重要的是熟悉混合物的触感，这样才能大致知道各成分的比例对不对；而"直觉"这个东西很难用语言来描述，但非常有用，而且方便易行，是世代经验的总结。下面总结几种测定黏土成分合适与否的简便有效的方法，在实践过程中往往需将这几种方法反复混合使用以确保测定结果的准确性。

方法一：振荡试验（图6）。

用一个干净的玻璃广口瓶装上半瓶土壤试样，注意泥土不能结块，捣得越碎越好。接下来给广口瓶加满水，充分地摇匀，让颗粒都分离并悬浮起来。当把广口瓶放下来的时候，那些悬浮着的微粒就会按照比重依次沉淀：首先是石头和沙砾（立刻沉淀）；然后是粗沙（大约两三秒内）；接下来是细沙；最后是粉砂；黏土有着亲水的性质，所以将保持悬浮，需要几小时甚至几天时间才会沉淀；有机质会漂浮在广口瓶的上方水面。振荡试验不能用来精确测定土壤各成分的含量，但是它能方便地展示某种土壤成分的近似比例，特别是黏土和沙子的含量以及有用的粗沙的近似含量，为日后调节土坯混合物的成分比例打下基础。

方法二：洗手法（图7）。

1）如果能不费力很快将其洗掉，那么意味着是松软的沙子，其本身不能用作建筑材料。

2）如果花一点时间才能将其洗掉，像去掉面粉一样，有种粉状物的感觉，那就意味着是泥沙，仅加一些添加剂就可使用。

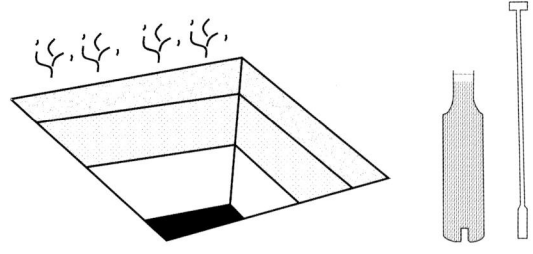

图4 挖洞法取试样，重绘

图5 探取土壤试样的钎钻，重绘

3）如果感觉像在用肥皂，你的湿手很滑，需要一些时间才能洗干净，那就意味着是黏土，不加沙子就不能用作建筑材料。如果既有沙子的感觉又有肥皂滑的感觉，那就是沙和黏土的混合物，是好的土坯材料。

方法三：悬挂法（图8）。

将土壤试样弄湿，直至变得黏稠。再把黏稠的土壤捏成一个高尔夫球大小的泥球，然后按在手掌心上，接下来手掌翻转过来，掌心向下。如果掌心张开和握起几次之后土壤还是粘在掌心上，那么土壤中黏土的含量就足够制作土坯了。

方法四：抛球法（图9）。

将土壤试样弄湿，把黏稠的土壤搓揉成一直径 4cm 的球（图9左1），让球从 1.5m 高的地方自由下落。如果球稍微变平、开裂很少或几乎无开裂（图9左2），说明土壤中黏土成分过高，需加入一些沙子。如果完全开裂（图9右1），说明黏土含量太少，需加更多的黏土或黏结剂才能被利用。如果介于二者之间（图9右2），说明此种土壤非常适合制作土坯。

方法五：丝带测试法，把一团黏土样品放在双手中搓揉（图10）。

1）如果松散不能成型，说明沙子太多，需要掺黏土或添加剂才能用。

2）如果能挤出 5.08～7.62cm 而不断，那就意味着其含有充足的黏土，很可能是好的土坯材料。

3）如果可以挤出 20.32～22.86cm 而不断，那就意味着其成分主要是黏土，如不加入沙或其他添加剂，那么就会面临因干缩湿张而开裂的问题。

上述丝带测试不是很精确，因为所成的泥棒不均匀，故可采取以下工具：带有宽 20mm、高 6mm 的凹槽，内垫一层薄塑料，然后将稠黏土添入，用瓶子将上表面取平磨光，然后在带有半径为 1cm 的圆角桌子边做丝带试验（图 11、图 12）。

（3）**黏土抗水性测定**[一]　黏土很容易由于水的侵蚀（雨水或者是由于内部潮湿），或者在春秋两季多次上冻而又解冻的时候由于反复冻结与融化而被侵毁，这是黏土最大的一个缺点。这种情况更常出现在地面以上 30～40cm 高度内的未加保护的黏土墙脚。所以要测试黏土的抗水性，抗水性较高的黏土抗冻性也就较高。因为在施工条件下试验抗冻性十分复杂，所以通常只要试验黏土的抗水性就够了。

确定抗水性极其有效的方法总结有二：水中黏土圆柱体压毁法与水中黏土圆柱折断法。

方法一：水中黏土圆柱体压毁法。

这种方法最有成效。试验表明，黏土的抗水性越高，在水中就浸湿得越慢，被分解的速度也就越慢。

将试验的黏土加水浸湿，仔细搅拌，成为稠性土膏，使土膏柔软，但不应粘手或粘纸。把土膏切成小块，滚成直径 11mm 的圆棒。然后将圆棒完全烘干，圆棒是否完全烘干可以从折断处看出。

[一] 技术资料主要参考：
laurie Baker. Mud。
Gernot Minke. Building with Earth. Germany. 2006，J.M.Richard. Hassan Fathy. London，1985。
Jean Dethier, France. Down to Earth——Mud Architecture: an old idea, a new future. 1981 James Steel. An Architecture for People: the complete works of Hassan Fathy. London. 1997 Hassan Fathy. Architecture for the Poor. USA, 1973。
James Steel. Hassan Fathy. USA, 1988。
Н. В. Нагорский. 土坯建筑. 张秋涛, 译. 建筑工程出版社, 1958。
林恩·伊丽莎白，卡萨德勒·亚当斯. 吴春宛，译. 新乡土建筑——当代天然建造方法. 机械工业出版社, 2005。
时代建筑. 同济大学出版社, 2007（4）。

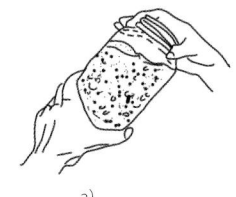

图 6　振荡试验，重绘

图 7　洗手法，重绘

图 8　悬挂法，重绘

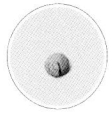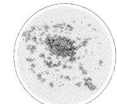

图 9　抛球法，重绘

图 10　丝带测试法，重绘

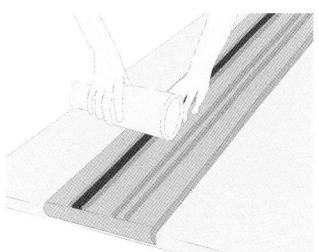

图 11　丝带试验的改进（一），重绘　　图 12　丝带试验的改进（二），重绘

干透以后的圆棒粗约 10mm。

准备好干透的小圆柱之后，用负重器（图 13）进行压毁试验。先把带有铁杆及圆盘的荷重提高 3cm；然后把试验的黏土小圆柱放在铁杆下端的圆盘与底部横板的圆坑之间，使圆盘 6 在荷重 9 的作用下压紧黏土小圆柱；再把仪器挂在茶杯或罐头或罐子的边沿上；茶杯内注水的深度应高过试验的黏土小圆柱。注视着被水浸湿的小圆柱直到在荷重下被压毁为止，把压毁圆柱所需的时间记下来，即为黏土抗水性的条件指数。每一种黏土，须用 3～4 个圆柱试样做压毁法试验，然后求出平均值。

方法二：水中黏土圆柱折断法。

如果条件不允许制作方法一中的仪器进行水中纵向压毁试验，可将上述试验简化，用水中圆柱折断法来代替。将长 80～100mm 的黏土圆棒放在用铁丝弯成的钩上（图 14），在试验的黏土圆棒中部挂上一重 5g 的荷重。荷重上做一个用铁丝弯成的钩，然后用水把茶杯里的圆棒和荷重泡起来。记下圆棒在水中折断所需的时间，即为此圆棒黏土抗水性的条件指数。对同一土壤做多次试验取平均值。实践表明，此法所得数据没有水中压毁法的准确，准确率比水中压毁法小 10%～15%。

用以上方法研究古旧的土坯建筑物，把各部分的破坏程度与其存在年限及所用黏土材料的抗水性对照比较分析，即可确定房屋各部分的耐用年限与各部分所用黏土的抗水能力的关系。于是，在新的建筑实践前就可对所用黏土的抗水性有较为准确的认知，为建造牢固耐久的土坯建筑打下基础。研究数据参考附表 2-1。

（4）黏土收缩性测定

方法一：取不同配比的样品制作出相同大小的试块，自然风干，看哪一种没有开裂，即可大致判断出此黏土的收缩性。此法不是太准确。

方法二：德国标准 DIN18952 提供㊀。

取 1 份干燥土壤，将其中直径大于 2mm 的成分过滤掉，然后从中取出约 1200cm³ 的材料在一平面上加湿，做成一块大饼，

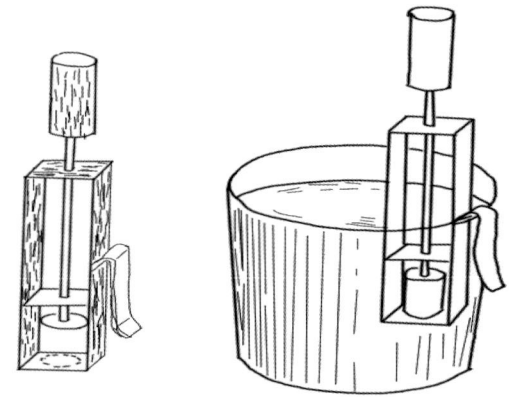

图 13 水中黏土压毁试验用的负重器，重绘

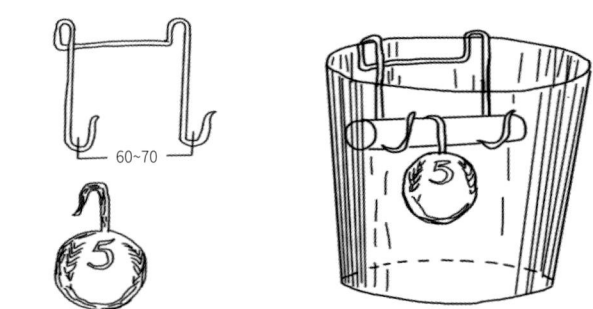

图 14 水中黏土折断试验用的仪器，重绘

而后切成 2cm 宽的条，彼此紧挨，之后再将其弄湿成饼，反复多次，直到整块泥土浑然一体为止。将泥料静置，使水分均匀蒸发，一般黏土含量高的需 12h 左右，低的需 6h 左右。之后取出 200g 揉成球，将球从 2m 高的地方自由落体至一平地上，测摔落体的直径，50mm 将是标准（注意：过程中最大直径与最小直径相差不超过 2mm）。若大于 50mm，那么泥需要再稍微干燥一下；若小于 50mm，泥将需再湿润一些。多次反复，直到恰为 50mm，此泥是标准试样。

㊀ 主要参考：Gernot Minke. Building with Earth. Germany, 2006.

然后将标准试样分 3 份加入装置（图 15）中，制作出 3 个标准泥棒，将之放在表面抹一些油或铺了一层沙的盘子中（避免摩擦及均匀受热），之后放入烤箱加热至 60℃，直到表面将要出现裂纹为止，然后测试样的长度变化，取平均值即可，此种黏土的收缩率为土坯配方提供了参考。

2. 添加物

黏土具备一定的黏性，与水充分混合后再干燥，将具备一定的强度，但用来建造房子时其仍存在着一些弱点：易开裂、怕水等。因此，添加物主要是用来提高抗裂能力及抗水性，同时可能起到提高黏结力的作用。另外，为了提高抗压性能和热功性能，也需要添加物。不同目的，添加物亦有所不同，但也有一物多功能的情况。

（1）**提高抗裂性** 最简单的抗裂方法是减少黏土的量或增加沙的量。因为石质沙粒不会被水浸透，不会因水膨胀，也不会在干燥时体积缩小，所以这种含沙的黏土膏在干燥时体积改变极小，于是就不会开裂。通常就是利用这种黏土膏来模塑供焙烧的砖坯（红砖等）。这种砖坯紧密无裂纹，在抗压毁方面几乎与纯黏土一样坚固；但在水中却容易迅速被浸散；只有在焙烧之后，由于粒子经过烧结产生化学变化，才有抗水能力。含沙越多，抗水性就越差，因此通过减少黏土含量或增加沙子含量的做法来提高抗裂性的作用是有限的。

通常以麦秆、谷壳、稻草或椰子枝叶、剑麻、竹子、针叶树木的针等代替沙子（一般这种掺有细碎植物纤维的黏土膏或砖被称为土坯）；这些植物的加入减少了黏土的含量，而且植物纤维孔又会吸收一部分水分，因此抗裂性就能得到大大地提高。图 16 是德国卡塞尔大学建筑研究实验室（BRL）关于加入不同植物、不同分量对抗裂性的影响的研究图表。

当然，除了添加抗裂性材料外，也可通过减小土坯块的大小以及适当延长干燥时间来辅助提高抗裂性。另外，为了避免开裂，在土坯干燥的过程中应避开太阳照射和风吹，自然风干，确保缓慢、平稳地干燥。

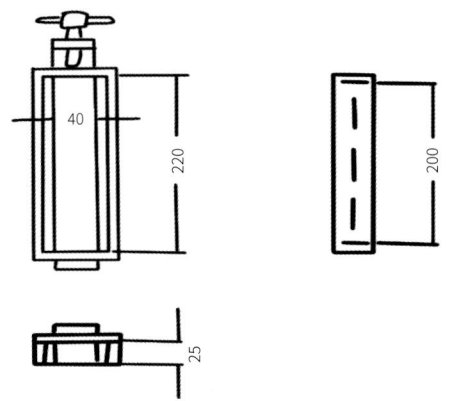

图 15 黏土收缩性测定工具，重绘

（2）**提高抗水性**

1）植物产物：植物汁液含有油脂和胶脂，像剑麻、香蕉树等，能提高黏土的抗水性。德国卡塞尔大学建筑研究实验室（BRL）研究表明，使用二次煮沸的亚麻子油可以大大提高黏土构件表面抗水性；不过，需要指出的是，这种做法很大程度上也降低了构件内部水蒸气的扩散效率。还有一些研究表明，煮过的淀粉和糖蜜也能提高黏土的抗水性，中国古代的一些黏土建筑就有不少是采用此种方法建造的；煮淀粉等材料时，不能煮得太久，否则将失去黏性。这些物质不但能提高黏土的抗水性，还能增强黏土的黏结力。

此外，还可直接将麦秆、谷壳、稻草、马铃薯茎叶、野草、沼泽草或其他新割下来的青草等与黏土混合来提高黏土的抗水性。这种做法简单、便宜。

另外，上述物质中如果加少量的石灰，效果会更好。

下面总结 2 种常用、简单、便宜的防水黏土膏（通常用来做防水抹面）的制作方法，我国传统土坯建筑经常使用此种办法。

方法一：纤维黏土浆[一]。

[一] 主要参考：Н. В. Нагорский．土坯建筑．张秋涛，译．建筑工程出版社，1958。

先挖一坑，向坑内倒进40cm左右深的水，然后均匀地撒进一层8～10cm厚的黏土碎块（用铁耙耙碎，或采用其他办法捣碎），让它吸收水分。约经8h后，把这些已被水浸透的黏土用耙子（图17）搅拌。如果在这些黏土碎块完全浸透以前就开始搅拌，碎块不可能搅匀，黏土就不会变成悬浮状态，对抗水性不利的沙子就不会下沉。当撒入的第一份黏土完全浸透并搅拌后，再均匀撒入第二份黏土，浸透，搅拌；然后第三份、第四份等，直到坑内黏土浆的稠度使插进去的一根稻草只能慢慢下沉时为止。此时，沙子就会沉到坑底。最后，将浓缩的黏土浆与细碎的纤维掺和料（谷壳、磨碎的麦秆；墙壁抹泥时，还要加上碎稻草）拌合起来，干到具有所需的稠度时，就可用于屋面、修补裂纹以及墙壁抹泥了。

方法二：霉烂法[一]。

将粉碎的黏土均匀分层地撒入已准备好的坑内，各黏土层以草类植物层隔开，而草类植物最好是切碎的马铃薯茎叶、野草、沼泽草或其他新割下的青草。上述工作需按下述次序及数量进行：先放入100kg切碎的新鲜草料，上面再铺放120L的黏土碎块，然后倒入200L的水。黏土与草料应均匀地铺满整个坑底，按照同样的顺序再铺第二遍、第三遍等。向坑内铺放的材料，其深度不应超过30cm，因为再深一些就会使混合料的搅拌变得困难。同时也会削弱太阳光对它的加热作用，进而拖长草料的腐烂程度。

在黏土碎块还没有浸透及浸散时（一般需5天左右），不要搅拌坑内的材料。等到它完全被浸透及浸散以后，就用轻型夯锤或脚轻微地把它压得紧密一些。经数日后（以空气温度而定），草料开始腐烂并且产生气体，冒出气泡。腐烂过程一直延续到所有的细嫩植物都腐烂为止，剩下的只是一些粗糙的茎秆木化部分。这时，大量排出气泡的现象没有了，于是，坑内的黏土就变成了抗水性的黏土。实验表明，用此种方法所制得的抗水性黏土，在水中压毁的支持时间为2～7个月，而具有中等抗水能力的自然黏土在水中的压毁时间只有15～25min，也就是说，其抗水性提

[一] 主要参考：Н. В. Нагорский．土坯建筑．张秋涛，译．建筑工程出版社，1958。

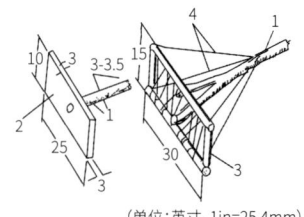

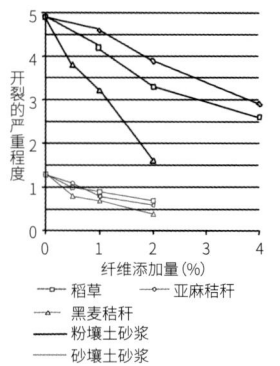

图16 加入不同分量的稻草、亚麻秸秆、黑麦秸秆时开裂的变化比较，重绘

（单位：英寸，1in=25.4mm）

图17 配置稀黏土用的耙子，重绘
1—把柄 2—木顶板 3—有拉紧铁丝的框子 4—铁丝拉条

高了几千倍。

黏土在挖出以前，须用铲子翻一遍，仔细地用脚踩或用其他办法使其变得柔软。然后静置两天，使黏土沉淀，多余的水即被分离出来，小心地将所有被分离的水舀出，而黏土则用桶挖出并立刻加以使用。因为草料浆在外面暴露过久，会使已获得的抗水能力降低，于是宁可使黏土在坑内腐烂的时间稍微不够一些，也不要过久。另外，不要把剩下的有脉络纤维的一束一束的木化部分（脉络网）除去，因为它们在黏土中能起到类似钢筋的作用。在草料腐烂过程中，须将坑内的材料搅揉2～3次，用叉子或铲子把还没有成为抗水性黏土的黏土翻转过来。黏土中的草料若是上述数量的一半，则该黏土的抗水性也将削弱一半，而这种黏土只能用于墙壁抹泥，不能用于屋顶。

将已获得的抗水性黏土用桶舀出，与碎麦秆或谷壳混合搅拌，就能作为屋面材料、屋面抹面材料以及墙壁抹泥材料。此种材料比方法一的材料抗水性能更高。

注意：如果能从当地河道清出淤泥，那么淤泥即可直接当作霉变后的抗水性黏土膏。

2) **动物产物**⊖：动物产物，例如血、尿、粪便、干酪素、皮胶等，经过历史的考验，其能够提高黏土的抗水性。德国以前的黏土建筑表面就以牛血处理来提高抗水性；还有一些国家是利用乳青和尿来提高黏土的抗水性。如果使用粪便，使用前需要静放1～4天来发酵，这样会大大提高抗水性；在印度，传统的黏土膏中含有大量的牛粪，这些牛粪在使用前都在潮湿的环境下发酵至少半天，这项传统技术直到今天还在使用。德国卡塞尔大学建筑研究实验室（BRL）研究表明：加了3.5%（重量）的牛粪的黏土的抗水性比不加的高60倍。

另外，在古代，人们还将牛粪或乳青等与石灰混合来提高抗水性。一个传统配方是：1份石灰粉+1份在马尿中浸泡24h的沙泥黏土膏。很明显，这是由于尿或粪中的蛋白与石灰发生化学反应形成不溶于水的含钙化合物，而尿和粪中的纤维又可加强黏土的黏结力，含氨化合物又可防止微生物的滋长。

德国卡塞尔大学建筑研究实验室（BRL）还成功试验出两个其他配方：1份生石灰+4份发酵三天的湿牛粪+8份沙泥黏土；4份熟石灰+1份无脂的白奶酪+10份沙泥黏土。

植物产物和动物产物在工业、经济欠发达的地区最为适用。下面将介绍一些较为昂贵的添加物。

3) **石灰、水泥**：如果空气比较潮湿的话，石灰会与空气发生化学反应，生成不溶于水的石灰石，这样就提高了黏土的抗水性。

水泥也可提高黏土的抗水性，特别是土壤中的黏土含量不高时；如果土壤中的黏土含量高，那么就需要更多水泥才能达到同样的抗水效果。水泥也提高了黏结力，对外来水具备一定的阻挡能力，但水泥使黏土内部的水分不能很快蒸发掉，很可能使黏土的抗压能力降低。所以，泥墙表面不能用水泥抹面来防水。

4) **乳化沥青**⊖："沥青"这个词来源于被称为死海的咸水湖，在那里有很多从湖底渗漏出来的半固体状石油被冲刷到湖边。在古代，沿着幼发拉底河分布的巴比伦和苏美尔的农业定居点中，

人们把这种材料当作防水涂料使用，也作为保护泥土砖免受气候变化侵蚀的防护覆盖。美国关于土坯的加固和保护措施的研究，最初是由俄克拉荷马大学于20世纪30年代早期进行。20世纪30年代中期，加利福尼亚州弗雷斯诺市的汉斯·桑普土坯加工厂开始大批量机械化生产沥青加固过的土坯。Richard Ferm 于1981年应泥土建筑国际基金会之邀编写了《稳定土坯建筑介绍手册》，1985年在中国北京举办的泥土建筑国际座谈会的与会人员都拿到了这本小册子。这本书讨论了乳化沥青的使用，认为能大大提高泥土建筑的耐久性（主要是抗水性）。本小节的讨论主要参考此书。

沥青的主要成分是天然石油经过蒸馏后的残留物。沥青乳化物是固体沥青和水的混合物（重量比一般为6∶4），再加上乳化剂（占总重量1%的肥皂）。

Richard Ferm 指出，用乳化沥青加固过的土坯能阻止水分的渗透和腐蚀，即使长时间暴露在水蒸气中，吸水率也不过3%（附表2-2），甚至可长时间与水直接接触，有人甚至用其砌筑水渠的内壁。在安全强度要求较高的地震多发区，泥顶建筑可以用一层薄薄的（5cm）乳化沥青黏土来代替厚重而不稳定的普通泥土，从而大大减少屋顶的重量。另外，乳化沥青墙可防虫、防兽。

配方：往土壤中加入乳化沥青的速度有快中慢3种，要得到稳定的土质，只能采用慢法（稠密混合物）。全稳定性土坯要加入总重的4%～6%的乳化沥青。沥青太多会降低土坯的强度，因为相当于在土壤的各成分间添加了大量的润滑剂。乳化沥青的具体需求量可以通过先制造很容易干燥的小块泥砖（5cm×5cm）来测试。

但是，沥青具有一定的毒性，因此在使用中要慎重，最好只用在外表面防水。

3. 土坯之制作

（1）稀稠度的试验 制作土坯，首先要确定应当向粉碎的黏土层内倒进多少水。水量过少或过多都不利于土坯的制作。黏土膏的稠稀度介于做面包用的面团与浓酪浆之间，最后土坯的稀稠度以黏土膏与麦秆搅拌均匀后能够黏手或黏脚，并且随后在木

⊖ 主要参考：Gernot Minke. Building with Earth. Germany, 2006.
⊖ 主要参考：林恩·伊丽莎白, 卡萨德勒·亚当斯. 吴春宛, 译. 新乡土建筑——当代天然建造方法. 机械工业出版社, 2005.

模内制模时能自由脱出而不会在地上摊散开为准。稀土膏和稠土膏所制作的土坯干燥后的机械强度几乎一样，但用稠土膏制模所需的时间比稀土膏几乎多一倍。

由于要向黏土膏中加入许多麦秆等添加物，稀土膏会变得稍微稠一些，所以未掺入剁碎的麦秆前（麦秆切短：制砖用时，应切成 30～50cm 长；抹泥用时，应切成 4～8cm 长），不必为黏土膏太稀而担心。如果加入麦秆后还比较稀，须静置一段时间待其稠度合适时再使用；但这样就会延误工期，最好一次配成，所以须事先试验一下。

试验方法㊀：先挖 4 个边长约 2m，深 15～18cm 的坑，中间以土界分开。将黏土填在坑内，然后按照 25～35 L 水量约为 2～3 桶计，注入第一坑的水量为 8 桶；第二坑为 10 桶；第三坑为 12 桶；第四坑为 14 桶。在向黏土喷水时，可使用菜园用的喷壶，以防倒水过猛使水潜入坑底的土块。向黏土喷水时，不应立刻把规定的水量一次喷尽，而应分 3～4 次喷洒。浇水后，静置，使黏土充分吸水。各种黏土完全被水浸湿所需的时间有所不同，一般约为 12～72h。如果黏土块还没有吃透水就开始拌和，湿黏土就会包围着土块而使水分很难再浸到内部，如此不但会使搅拌黏土费时费力，还会影响土坯的质量。检验黏土块是否完全被水浸透的方法简单，即用手将土块摆开查看并搓揉便知。

将没有加进麦秆的黏土膏调软后，再把应加的麦秆分作 3 次掺进去，反复搅拌，使麦秆均匀地分布其内。

比较 4 个坑内的土坯材料，即可得出适合今后工作的黏土与水的用量比例。

(2) 确定加入麦秆的量[1] 上文已经论述过黏土中加入一些添加物可以提高黏土的抗水性和抗裂性，论述了抗水性较大的黏土抹面材料的配比和制作，下文主要探讨墙体土坯材料中添加物的含量。不同地方、不同环境加入的添加物的种类和量也不尽相同。我们国家制作土坯时最常见、最便宜的添加物就是麦秆。每个地区、每个工程都要事先做试验来确定要加入麦秆的数量。

试验方法：制作几种麦秆含量不等的土坯砖，每种做 2～3 个，然后自然风干，仔细考察开裂情况、抗水情况、强度、热功等，最后确定适合加入当地黏土的麦秆数量。一般每立方米黏土膏内含 15～20kg 麦秆时，强度、抗水性、抗裂性、防热能力都比较好了。

有些地区没有多余的麦秆时，可将马铃薯茎叶与少量的麦秆与黏土膏拌和成黏土软膏，用此软膏即可筑造坯料墙壁。一般，每立方米软膏应掺进 5～8kg 麦秆和 30～70kg 干马铃薯茎叶，用此料筑造的墙壁既坚因又保温。

(3) 拌和的方法 土坯的拌和对土坯墙的强度、抗水性、抗裂性、保温等有重要影响，因此这也需谨慎行事，下面总结 4 种简便有效的方法。

方法一：牲口蹄子搅拌法㊀。

最简单的方法即是赶着牲口在准备好的浇过水的黏土上踩踏，直至形成黏土膏后将适量麦秆分 3 次均匀撒在黏土膏上，然后继续赶着牲口在其上踩踏，直至黏土膏与麦秆拌和均匀为止。在拌和过程中，须有铲子随时翻黏土。一般，一匹马用蹄子来搅拌 3m³ 土膏，不带麦秆时需 1.5h，加进麦秆后，还需搅拌 1～1.25h，总计约 2.5h。优点：操作简单；缺点：费时，可能拌和不匀。

方法二：环形小道上用车轮拌和（图 18）㊁。

挖一环形小道，如需在环形小道上长期工作，坑底需铺以木板或浇上混凝土。在小道的中心插一木棒，木棒上端带有铁轴。轴上套有一根木制拖杆。拖杆的一头系一平衡物。在拖杆上钉一些粗钉子，钉子之间的距离为 10cm，其上套一带有小拖钩的鸭蛋形铁环，此拖钩放置在钉子之间。为了沿着拖杆移动铁环，应把铁环的牵引端向上转动。在铁环的牵引端上，做一个普通的扭弯的拖钩，拖钩上挂二轮马车的车杆。在车轴上，固定一个车厢，

㊀ 主要参考：Н. В. Нагорский．土坯建筑．张秋涛，译．建筑工程出版社．1958．

㊀ 主要参考：Н. В. Нагорский．土坯建筑．张秋涛，译．建筑工程出版社．1958．
时代建筑．同济大学出版社，2007（4）。

㊁ 主要参考：Н. В. Нагорский．土坯建筑．张秋涛，译．建筑工程出版社，1958．

内装泥土使车轮在重力下碾压黏土直至小道的底面为止。

每完成一圈，应停马，转动鸭蛋形铁环，并把它移到下两只钉子之间，以使车轮在小道上另走新路。环形小道上，所撒黏土厚度应为 15～20cm，黏土需事先湿透，若湿度不够，需用喷壶均匀洒水。当黏土膏制成后，将规定数量的碎麦秆掺进去，继续碾压，翻动。

在图 18 所示的小道上撒上 20cm 厚的湿透黏土时，小道上的黏土体积为 15m³。这样多的黏土膏，不掺麦秆时，一匹马需碾压 6h 左右；加进麦秆后，还需碾压 4h 左右，共计 10h 左右。

方法三：滑条车拌和法（图 19）○。

滑条车的滑条并不是像车轮一样去碾压黏土，更多的是切割黏土。此时，环形小道应做成 0.8m 宽，内半径 6.5m，外半径 7.3m，深约 30cm。滑条车的滑条用 2cm 粗的钢筋制成图 20 的形状，使其前端进入路面不平地区和麦秆里时，后端的刮刀能把麦秆刮起来。土膏之所以能被滑条搅拌，是因为滑条并不是与滑条车的车轴平行钉着，而是呈一个不大的角度：其中两根滑条向左偏，另两根滑条则向右偏。刮刀应与铺砌的沟地相距 3cm，向滑条车内部弯进不大于 4cm。操作过程类似车轮拌和法。

上述尺寸的沟底面积为 43m³，装入 18cm 的黏土层，则黏土体积为 7～8m³。每立方米黏土膏预加入 30kg 麦秆，共需 240kg 麦秆。一匹马加工 8m³ 土坯膏，用滑条车大约需 8h。

方法四：机械拌和法○。

机械拌和法比较快捷，但相对来说，建造成本将会提高。是模仿环形小道用车轮拌和，此法在农业机械化比较发达的地区比较合适，尽管比上述三法的费用要高，但拌和较均匀而且拌和迅速。图 21 为机械化拌和机，此种方法比较花钱，要定时清洗机器。

（4）土坯砖的制作方法

选地：找一平场，除去表面植被。平场应有不等的坡度，以

○ 主要参考：Н. В. Нагорский. 土坯建筑. 张秋涛，译. 建筑工程出版社，1958。
○ 主要参考：Gernot Minke. Building with Earth. Germany, 2006。
　　H. В. Нагорский. 土坯建筑. 张秋涛，译. 建筑工程出版社，1958。

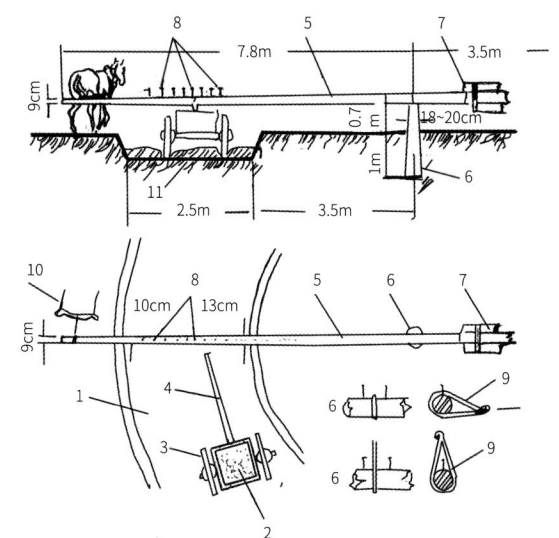

图 18 环形小道上用车轮拌和黏土，重绘
1—环形小道　2—载有重物的车厢　3—车轨　4—托杆　5—托杆　6—中心木棒
7—平衡物　8—钉子　9—金属钩　10—跑杆　11—黏土

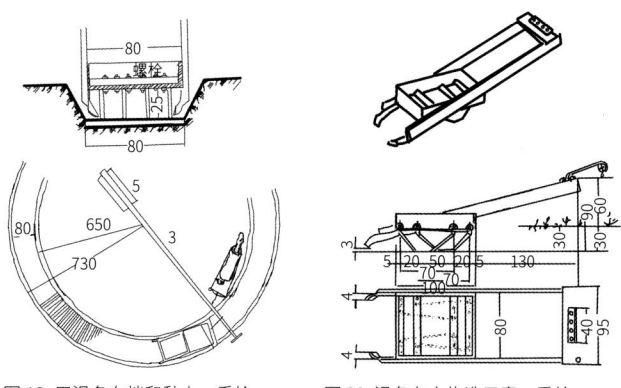

图 19 用滑条车拌和黏土，重绘　　图 20 滑条车之构造示意，重绘

便迅速排走雨水。在平场高的地方，横着水流方向，每隔 2～3m 挖一条 10～15cm 深的排水沟，使雨水尽快排出。需将平场上的

石块打扫干净，然后撒上一层晒过的沙子。

制模：模板应根据不同需要来制作，如图 22。也可借助简易的装置，如图 23、图 24。土坯砖的尺寸应根据墙厚（强度）、隔热需要、干燥条件来定。另外，考虑到收缩问题，模板一般比所需土坯砖大 7%～9%。模板在填入土坯前，需浸湿并在表面撒上一层谷壳或细碎麦秆或筛过的沙子。填入模板内的黏土膏应比模板大一些（以免二次添加影响土坯砖的强度），把黏土膏从高处投入模内，以手或脚按压，将表面抹平，刮去多余的材料。

干燥：避开直射太阳光、强风（简便做法是在上面覆以草秆），使其自然慢慢风干。干燥过程中注意防雨。干燥过程中需将土坯砖翻转，适当修正其形状。干燥到一定程度可叠放。

优良的土坯砖应当符合以下条件：应完全干透（折断处不能有暗点）；应有正确的形状，边面要整齐；没有裂缝；向其内钉钉子时不会裂开；能承受住斧头砍削；从一人高到地方落到地上时不会摔碎；放入水中两昼夜不被泡毁。

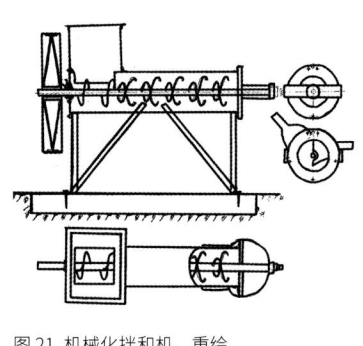

图 21 机械化拌和机，重绘

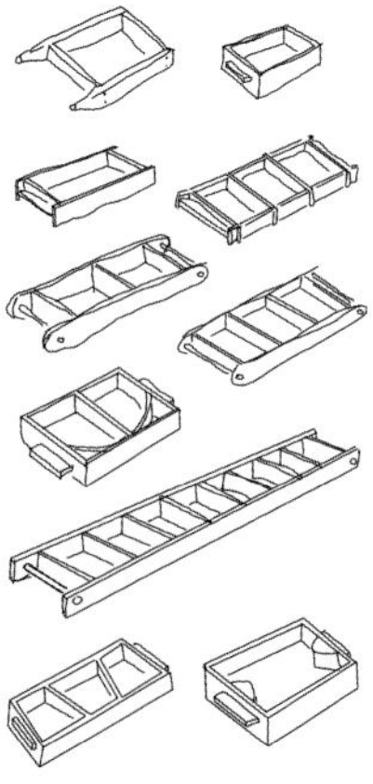

图 22 多种模板，重绘

2.2.3 土坯墙的建造

1. 土坯墙的类型

（1）**土坯砖墙** 用土坯砖砌筑墙壁，其砌缝的砌合法与烧结砖的砌筑的要求相同，即避免通缝（附表 2-3）。图 25 为不同厚度的墙壁砌法；图 26 为墙角接合处砖的砌法；图 27 为插接处的砌法。共同特点是每砌新的一层都是从短砖（3/4 砖）开始。

用黏土浆砌土坯砖时，黏土浆应比较软，以便使砖与砖之间能够靠紧，紧到能把多余泥浆从缝内挤出。应在泥浆中加谷壳，如无谷壳，可加入长 1～2cm 的碎麦秆，其数量为黏土膏体积的 1/4。有人常常将泥浆中掺进筛过的沙子，这样不太好，因为含沙的泥浆容易被雨水冲走。整个土坯砖墙在砌筑过程中不能出现霜冻。图 28 为埃及建筑师 Hassan Fathy 的土坯砌法，他甚至只是在两边砌好的土砖坯，在中间填上碎的土坯，在一定高度上中间有拉接砖。

图 23 制作土坯砖的压杆装置（一），重绘

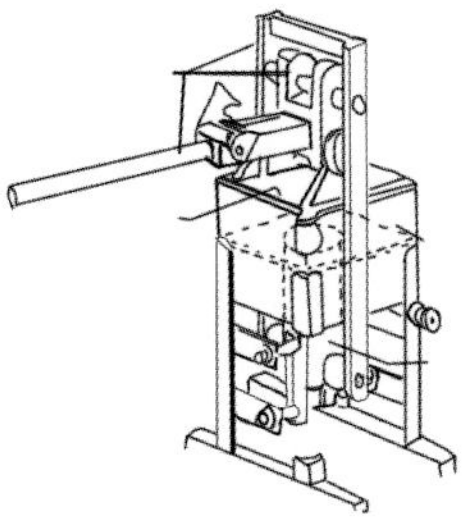

图 24 制作土坯砖的压杆装置（二），重绘

图 25 几种不同厚度的墙壁砌法，自绘

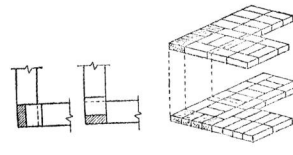

图 26 墙角接合处的砌法，自绘

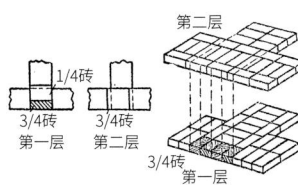

图 27 插接处的砌法，自绘

(2) **整体浇筑土坯墙**[一] 在模板内用夯筑土坯材料的方式建造墙壁（整体浇筑土坯墙），其劳动量比用干后成块的土坯砖集合起来砌筑的方式少一半。此外，整体浇筑土坯墙没有缝，因此它比砌筑的土坯砖墙的强度要大得多；又因为土坯中掺有植物纤维，有一定的类似钢筋的作用，所以在密度差别不是太大时比夯实黏土墙的强度也要大一些。其缺点是干燥的时间会很长（图29）。

建造整体浇筑土坯墙用的模板构造方法有多种，本文只研究两种不同的模板：①有基本立柱的模板，立柱固定在地上，带有只能向上移动的护板；②无基本立柱的模板，模板随护墙移动，因此，也称为"滑行式模板"。第一种模板在制作与安装时比较简单，但需要大量的木材；第二种在制作与安装时复杂一些，但所要的木材大大减少。

1）**有基本立柱的模板**：角上的立柱应用撑竿撑住，撑竿的上端钉在立柱上，把带横木的下端锚固于地内；护板长度一般为2.5～3m，超过3m则过于笨重；护板上端用活动式横拉条扣紧，横拉条的切口中插入楔子加固；为了在护板的拐角处省两条立柱，可在伸到外面的护板断交处用一夹板夹紧，此夹板可在护板移动时取下。使用此法，当护板内的墙壁夯打完毕后，只要将楔子打下，护板就会与夯打好的墙壁脱离，并可自由上升或下降，为了不使护板跌落，可用一吊带将护板挂在钉在立柱上的钉子上（图30）。

装卸楔子比较麻烦，有一种较为简单的方法。以同样方法安置基本立柱，护板压紧在已夯打好的墙壁与立柱之间，借助摩擦力停留在指定的位置。但当护板内填满黏土麦秆材料时，摩擦力很大，以致用手不可能提起护板。为了提起护板，制造一工具，将支架放在已夯筑好的墙面上，把杠杆插入支架的一个刻槽内，用挂钩挂在护板上，向下压杠杆将护板提起（图31）。在黏土麦秆浇筑的墙壁上提起护板时，有时会将墙的边缘掀坏，但不会影响太大。

图28 Hassan Fathy 的土坯砖墙　　图29 整体浇筑土坯墙，来源：谢英俊建筑师事务所

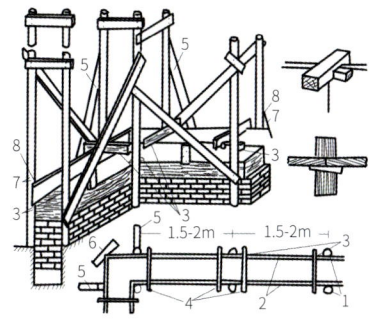 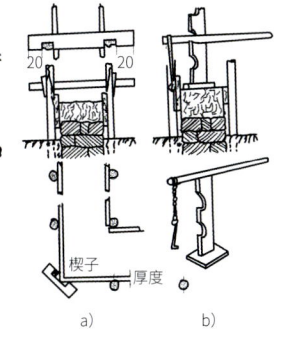

图30 有基本立柱的模板示意，重绘
1—立柱　2—薄板条　3—楔子　4—横拉条
5—撑竿　6—夹板　7—吊带　8—钉子

图31 不用楔子加固的模板及提升护板的设备，重绘

2）**无基本立柱的模板**：固定于框架中的模板，框架由下夹板（夹板上带有槽口与榫眼）、上夹板、有榫头及凸肩的短立柱构成；为了避免护板塌落在框架内，应将护板的边沿固定到夹板的槽口内；护板之间放入直角形整理架，再根据悬锤钉进楔子以校正护板，将护板牢固在适当的位置（图32）。夯打完一层材料后，下夹板即埋在这些材料之内，为了能将下夹板自墙内拔出，应将此夹板做成锥体，敲其窄端，摇动此夹板，然后即可容易地将其取出。上夹板不必做成锥体；上夹板的底面低于护板的上沿，夯打护板上沿以取出上夹板时，在夯打好的墙壁上恰好留下一凹槽以放入下夹板，于是重复进行。最后墙壁上会留一些孔，这些孔可用泥

[一] 主要参考：H. B. Нагорский. 土坯建筑. 张秋涛，译. 建筑工程出版社，1958.

浆塞上，也可适当留出一些来作为墙壁的通风孔，进而使墙壁保持干燥。

用长条材料（干树枝、玉米茎秆、芦苇）建造土坯墙壁（即后面的轻质土坯墙）时，很难将这些材料放到矮框架的上夹板下面去。这种情况下，应把框架做成较长立柱的高框架（图 33）。有时为了方便还直接将立柱钉在护板上（图 34）。

无框架的模板：下夹板（锥形）与上夹板（非锥形）不同，无框架模板比框架模板的深度小一些，但制作要简单一些（图 35）。

(3) **坯料垛[一]墙** 垛墙不用模板（可节省一部分造价），较长的墙需要沿绳子建造，且需要收分；由于不需要支模，所以对曲线墙的施工也特别有利（图 36）。垛墙的土坯要比用模板时的稠一些（一般每立方米含麦秆约 20～30kg），稠度以方便制出直径 20cm、长约 50cm 的"土卷"为准；假如制作土坯时稠度不够，可以将其置放一段时间，切勿使其失去黏性。黏土卷要紧密结合，可以用木锤锤打以锤实或校正墙壁。此种墙壁的沉陷率高约 5%；建造速度比模板的快，且工作量约为模板墙的 2/3～4/5；由于干燥速度比较慢，需分层建造，除了在特别干燥的地方，每天砌筑的高度通常在 50cm 左右。此种墙体到最后是一个整体，因此其强度与整体浇筑的土坯墙相当，比夯实黏土墙要高，比土坯砖墙更高。

图 38 为作者 1993 年亲自参与的一垛墙实践，墙全长 10m、厚 60cm、无垛。在建造过程中，一人用铁叉（图 37a）往墙上送土坯，一人站在墙上用脚将土坯踩实并校正墙的垂直度和水平笔直度。第一层垛墙可高一些，约 1.2m，待其干燥变硬后再垛第二层，第二层可矮一些，这样使底层墙不被压坏，当第二层干燥后，第一层的强度就足够大了，再垛第三层，第三层可比第二层高些。这样整体上既保证墙的牢固度，又提高了整体的建造速度。最后用刷子（图 37b）将墙面整理平整（图 38）。此墙地基稍低，底墙部分下雨天容易被溅湿。图 39 是一栋表面刷了灰泥的垛墙，下

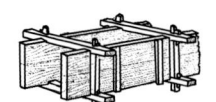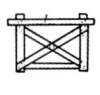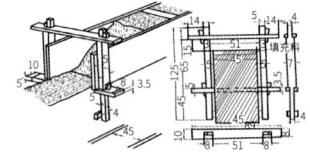

图 32 固定于框架中的模板及直角形整理架，重绘　　图 33 高框架内的移动模板，重绘

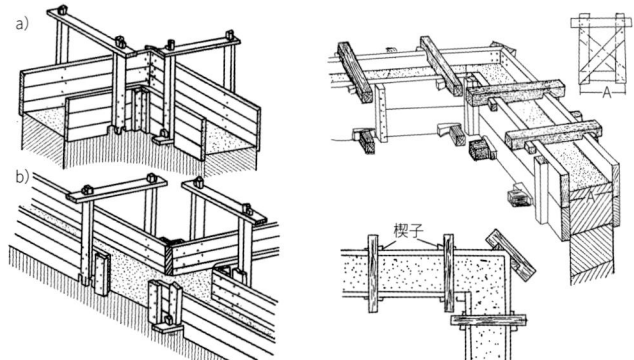

图 34 将立柱钉在护板上的模板，重绘　　图 35 无框架的移动模板，重绘

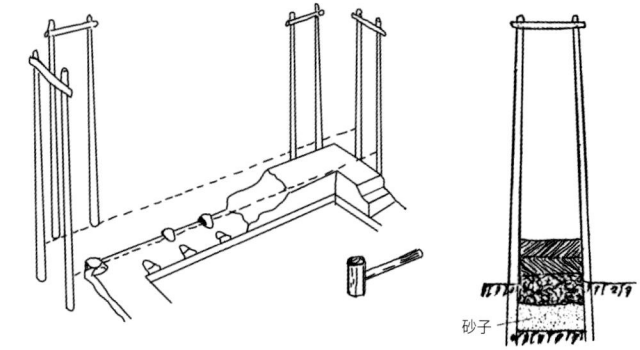

图 36 垛墙的建造示意（一），重绘

[一] 民间称谓；音：四声；动词；直接用湿的土坯卷垒墙。——作者注

部灰泥有所剥落。

图 40 为印度的垛墙施工，人骑在墙上将土卷往上垒，由于这种施工所用的土坯还要更稠一些，所以有时需将表面以土坯膏抹面以防水并增加强度。在室内的墙或屋檐出挑比较大，防水没有问题的情况下，有人将墙面直接暴露（图 41），此时，建筑师俨然一个"面包师"！

由于垛墙的沉降区间比较大，一般能高达 5%，所以在留洞时要处理恰当以防沉降不均而造成墙体开裂。方法一，留一缝加入软体材料（亚麻、麦秆等），然后整体垛起并埋入过梁，待墙体完全沉降后将洞口内的墙体及软体材料推掉；方法二，在模板上端留一缝（5cm 左右），塞入软体材料，埋入过梁，待墙体完全沉降后取出软体材料和模板（图 42）。

（4）轻质土坯墙

1）土坯膏＋树枝或茎秆或木棍或竹子＝墙：土坯膏的制作方法同上面的相同，软膏应当比模制土坯砖用的稠一些，但在投入模板内进行夯筑时，应使土膏充满模内各个角落，黏结成无孔隙的整体。模板可为基本立柱式亦可为框架式。模板的安置、提升与整体浇筑墙壁部分的介绍相同。

铺设在模板间进行：在黏土底子上按 45°铺放第一层树枝后，把它压紧，然后在树枝上面铺放一层土坯膏，之后铺放第二层树枝，其角度方向与第一层的相反，将这一层树枝压紧至下一层树枝上，然后再涂抹一层黏土至树枝的顶面，如此重复（图 43）。

树枝应预先采伐、堆垛，以便干燥、测量与计算；在墙壁中应尽可能把干树枝或木棍排紧密一些。在缺林地区，可用干透的玉米茎秆或向日葵秆代替树枝、木棍。土坯茎秆墙壁比土坯树枝墙壁更保暖。

此种墙壁的优点：①具有极强的黏结力，因而在土壤反浆时，墙上不会出现裂纹；②由于此种墙壁内含大量木材，所以保暖隔热性比较好，这样也可使外墙比砖墙薄很多；③建造过程中沉陷很小，因为树枝都是干透的，而且在墙壁内排列紧密、呈不同角度铺放，土坯膏的水分会传到树枝与木材中，树枝和木材的膨胀与土坯膏的收缩相抵消；④经若干年后，墙角内的树枝开始腐烂

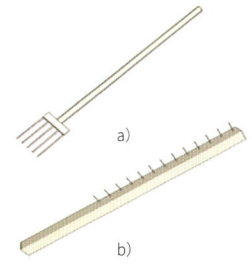

图 37 垛墙铁叉和表面整理刷，自绘

图 38 垛墙（一），自摄

图 39 垛墙（二），自摄

图 40 垛墙的建造示意（二），重绘

图 41 垛墙（三），来源：Gernot Minke

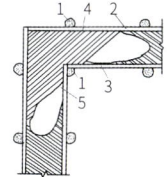

图 42 垛墙的留洞方法，自绘

图 43 黏土树枝（木棍）墙壁的建造，重绘
1—立柱　2—模板　3—护板
4—树枝　5—土坯膏

并失去强度，但经验表明，墙脚并不会因此毁坏，因为占体积较大的干土坯与树枝比较起来，乃是一种强度足够的材料，墙脚以上的树枝是不会腐烂的。

缺点：如果树枝或木棒的端部接近墙的表面或者暴露出来，那么端部发生的霉变会墙内发展，因此需做好墙体防水工作！

2）土坯膏+篱笆=墙：第一种最简单，在单层篱笆上抹土坯膏（图44、图45）。其强度和保暖隔热性能不是太好。另外，如果当地的木材不是太多的话，可只保留立柱，将麦秆或稻草等长条植物的外面裹以土坯膏，或将这些植物在土坯膏中拌和，然后一束一束地将带有土坯膏的植物束缠绕在立柱上，最后在外面再抹上防水土坯膏（图46）。

第二种是在骨架上钉牢门窗框之后，编织篱笆墙（图47），先编织内篱笆，在其两面抹上2～3层土坯膏（第一层是用力将土坯膏甩到篱笆上，使土坯膏能深深渗入缝中与篱笆墙的树枝黏结起来。等甩上的第一层土坯膏干燥之后，不等其表面发白，就甩第二层，甩时不必使其平整，甩到厚4cm时，开始用抹皮材料把墙表面抹平。抹皮用的土坯膏与打底的不同，碎麦秆需小一些，2～5cm长，应掺若干谷壳与少量筛过的粗砂。然后开始编织部分外篱笆墙，当编至约0.5m高时，用坯料抹其内面；再在篱笆墙之间填以筛过的土壤，并轻微夯打，这样反复编织、涂抹、填充、夯打直到骨架的上部梁为止。需用土壤把系梁下的空间细致地填补起来。编织并填满墙壁之后，再将外墙涂抹2～3层。 为了使平行的篱笆在夯实土壤时不被撑开，需在墙高1/3及2/3处，各用横拉条将篱笆墙拉接起来。此种墙壁需用原木、木棍、树枝、灌木树条或芦苇编制篱笆，如果没有上述材料，亦可用在黏土浆内浸泡过的麦秆束代替，间距应适当缩小一些。此种做法若用好的木材，比如橡树枝条，则建筑通常有100年的寿命。

图48类似双层篱笆墙，以竹子搭起框架，在框架内填充土坯膏，再以重物压实。这时的土坯膏要求稍微稠一些，以不会滩流为准。图49是以废弃的芦苇秆固定在细木柱上作为篱笆，在空腔内填充黏土膏，此时的黏土膏比较稀。

以上两种墙壁的优点：①由于墙体不是大块的，因此干燥快；

图44 土坯+单层篱笆墙（一），重绘

图45 土坯+单层篱笆墙（二），来源：Moacir Ximenes

图46 土坯+单层篱笆墙（三），重绘

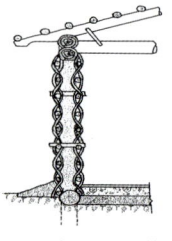
图47 土坯+双层篱笆墙（一），重绘

图48 土坯+双层篱笆墙（二），重绘

图49 芦苇作为篱笆，来源：Wolfgang Sauber

图50 钢丝+麻布+墙光

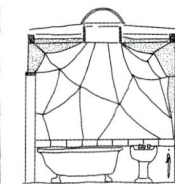
图51 钢丝+粗麻布+土坯膏或黏土膏=墙，重绘

图52 顶棚效果，重绘

②由于骨架和树枝、土坯固结在一起，土壤反浆时，墙壁几乎不受侵害；③两层篱笆墙皆抹以土坯膏，其间隙填以筛过的土壤，因此，保温隔热性能极好。

第三种就是BRL的Gernot Minkef发明的，把钢丝绑在木柱和梁上，再将废弃的纺织品挂于钢丝之上，然后往空腔内灌入黏土膏，于是纺织品就会在泥土的压力下保持鼓起的状态，光影关系非常美妙（图50～图52）。此做法与C.亚历山大在《住宅制造》

一书中记录的那些低造价住宅的屋顶建造法类似（图53），只不过C·亚历山大是将黏土用轻质水泥代替了。

3）黏土膏+麦秆或木屑或大麻等=轻质墙：此种墙体材料中掺入的农作物纤维比较多，密度在 300～1200kg/m³ 不等，平均起来最常见的是在 600～800kg/m³ 之间（通常的土坯砖的密度在 1400～2000kg/m³ 之间）。农作物纤维与黏土的比例有很多种，根据不同墙体的要求各有不同，一般由保温隔热性能来决定。例如，朝北的墙（在北半球）的保温要求高一些，因此北墙的农作物纤维的含量就高一些。此种墙体中的黏土起到了黏结剂、防腐剂的作用，还充当农作物纤维的防火保护层，阻挡昆虫等对农作物纤维的伤害。此种黏土比较稀。混合物可以压成轻质土坯，亦可整体浇筑夯实。此种墙壁大多用来做填充墙，保温隔热效果极好，可大大减少对木材等的使用。

建造方法：如果采用支模整体浇筑的话，方法类似于上文所述的整体浇筑土坯墙的方法。拆模后的毛绒表面有利于表面的粉刷（图54）；框架柱与墙之间需要一些纺织品（如粗麻布或纤维）固定，以避免柱子微小的位移而导致墙体抹面开裂。

现代德国黏土建筑技术的最新改进是使用木屑、黏土混合物作为内墙和外墙的隔热填充物（图55）。木屑的物理性能与农作物纤维相媲美，而且它的生产和加工过程比后者简单、迅速，因为它需要干燥的时间更少，装载和夯实步骤也简单一些。木材碎屑小至锯屑大至 5cm 的木块都有。混合的比例一般为 3～4 桶加 1 桶黏土。

各类土坯墙最适用的指标见附表2-3。

2. 土坯墙厚度的确定[一]

（1）力学方面　由于土坯的成分在力学上不太稳定，所以只是粗略计算。由黏土土壤制成的土膏干透后每平方厘米的抗压强度在 9～150kg 之间。通常，其破坏强度每平方厘米常为 20～40kg。在此强度下，土坯被允许用来建造高达 2～5 层的建

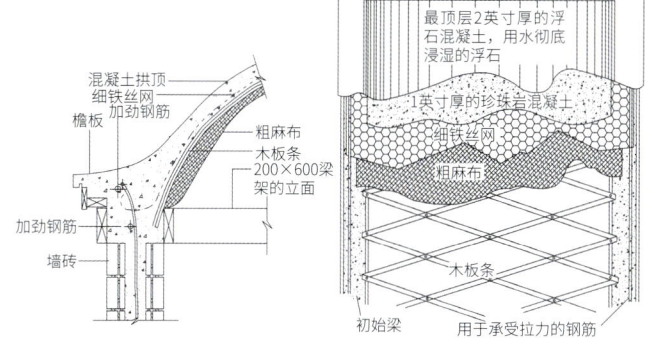

图53 C·亚历山大低造价住宅实践的拱形屋顶构造，自绘

图54 拆模后的毛绒表面，来源：Peka　图55 木框架木屑轻质黏土填充墙建筑，墙体厚300，两侧以木板条作为骨架固定填充物，来源：Nathan Pritchard 摄；藏于美国国会图书馆

筑物，强度安全系数极大。现在在也门共和国，普通的土坯房屋建到了 4～8 层。

根据墙壁的长度及高度以及稳定性的要求，可算出最小的许可厚度。现在计算土坯砖墙（以黏土泥浆砌）（图56）厚度公式可参考：厚度=（长度/40+高度/25）×1.5。

比如，墙长 7.2m，高 2.5m，则厚度为（720/40+250/25）×1.5=42cm。另外，窗洞与门洞距离墙角应不小于 1.5m。整体浇筑的土坯墙、土坯垛墙也可参考此公式；而轻质土坯墙由于常常只是充当填充墙，其厚度的确定依构造或热供等来确定。

（2）热功　由于土坯的成分比较复杂，所以只是粗略计算。材料的热传导性越高，保温性能就越低。当保暖效果相同，一种

[一] 主要参考：Н. В. Нагорский. 土坯建筑. 张秋涛，译. 建筑工程出版社，1958.

材料的热传导性比另一种材料高几倍时，墙厚就会相应加厚几倍。例如：红砖的容重 1.9，热传导系数 0.7；砂岩的容重 2.5，热传导系数 1.07；1.07：0.7 = 1.52；砂岩墙的厚度应是砖墙的 1.52 倍（附表 2-4、附表 2-5）。

当墙体材料较复杂时，需要弄清各材料的容量（附表 2-6）即可。当墙体材料复杂，混合在一起时，需测出此种墙体材料的容量，最简单也最精确的测量容量的方法是：先按照事先确定的墙体材料配比制作一个试块，然后在空气中称其重量，之后用绳子系住，放入水中称其重量，从两次称量的差额可计算出该材料块之体积（图 57）。

3. 土坯墙的防水做法

土坯墙最怕水，因此是否做好防水是土坯建筑牢固耐久与否的关键所在。除了制作土坯时在材料配制上的处理，土坯墙的防水还有一些非常重要的建筑原则和策略。

（1）**选址**　土坯墙防水最基本的一点就是选址，应尽量选在高处、雨水容易排走而不会在建筑周围汇集的地方（图 58）；否则，下雨时土坯墙很可能因泡在水中而坍塌。另外，在选址时还应尽可能使建筑的短边对着主导风，风影响雨，以此来减小雨水对土坯墙体造成的破坏。

（2）**表面处理**

第一种：磨光

当墙体仍处于潮湿并稍微柔软时，用金属泥铲将墙体表面按磨光滑。中国、印度等地都有类似的传统方法，即用稍凸的平石头在墙上按磨，直到墙体表面没有毛孔及裂纹为止。此种方法最简单，成本最低廉，不需其他材料即可达到相当强的防水能力；另外，还可得到丰富的墙面纹理。

第二种：抹面（或称粉刷）㊀

抹面之前，应先确保墙体已完全干燥并完全沉降。

方法一：使用防水土坯膏（具体的配制在"添加物"一节论述

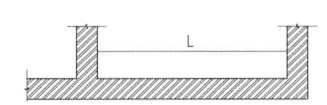

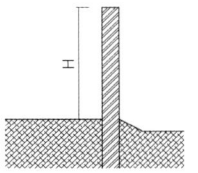

图 56　土坯砖墙长、宽、高示意，自绘

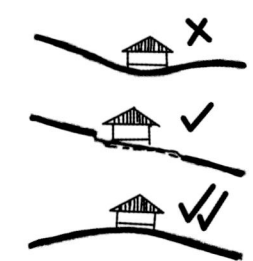

图 57　测量容量的简单方法，重绘　　图 58　土坯房选址示意图，重绘

过）抹面。粉刷之前，须先把墙壁表面用水浸湿；粉刷第一层时应用手使劲地甩，以使防水土坯膏能可靠地附着在墙壁上；当第一层变干时（但勿使其干至发白），在其上再甩第二层；然后用湿抹灰板把第二层刮平，并用水喷其表面，同时用抹子磨光。粉刷层在干燥时出现的裂缝，须用刷子蘸水刷湿并磨光。另外，若墙体表面过大，可先将墙体表面以格子分开，或钉以木楔子，然后粉刷。此法造价比较低廉，防水能力比简单磨光的强。

方法二：使用纯石膏浆抹面。一般浆的组成为：50kg 的生石灰 +60L 的水，常常还要加 1～2kg 的食盐以保持混合物较长时间的湿润，进而能充分地与空气中的二氧化碳发生反应生成不溶于水的化合物。这种浆比较稀，目的是使浆能充分地渗透到墙体比较深的地方以防止干燥后剥落，需要粉刷 3～4 层。此法也是比较常用，造价比较低，但抗磨损性比较低。

方法三：使用石灰-酪蛋白（lime-casein）膏抹面。混合物的成分一般为：1 份脱脂奶酪 +1～3 份生（hydraulic）石灰 +1.5～2.5 份水，有时可少加一些二次煮沸的亚麻油（氧化油）来提高抗摩擦性。一般粉刷两层，两层厚度最大不超过 20mm；

㊀ 主要参考：Gernot Minke. Building with Earth. Germany, 2006.

在第一层中，可少加一点水泥以加快凝固。卫生间、厨房、浴室等房间需要更高的抗水性和抗磨损性，一般需 1 份生石灰 +5 份脱脂奶酪，不需要水，混合均匀，然后再加 20 份石灰，2%～4% 的二次煮沸的亚麻油和水，粉刷两层即可。此法造价稍昂贵些，但抗水性和抗磨损性均比较高，还为卫生间、厨房、浴室等房间找到了比较合适的处理办法。有时为了降低造价可使用乳清、煮过的淀粉来代替奶酪。

方法四：使用石灰—动物脂抹面。尼泊尔的传统配方为：15kg 的熟石灰与熔融的动物脂混合物倒入 45kg 水中搅拌，加入 6kg 的食盐，小心搅拌，在不太冷的环境下静置 24h。将表面的糊状物质倒出，与 3kg 的石英沙子混合，然后将其刷在墙上，3～5cm 厚即可。在尼泊尔，据说可持续 4～6 年。此法虽比较省钱，但是混合物不太容易与黏土墙结合，因此容易剥落。

方法五：其他比较便宜有效的抹面。经 1978 年 Jain 研究表明：70g 的动物胶脂 +0.5L 沸水 +1kg 的生石灰是很好的抹面材料；在印度，60 个鸡蛋蛋清 +2L 白脱牛奶 +5L 棕榈汁 +40L 石灰 +4L 水泥也是比较好的防水抹面材料；另外，15L 的黑麦面粉与 220L 水混合并煮沸后加入一些明矾也可作为防水抹面材料。

第三种：镶面处理

方法一：将石头、石片或鹅卵石镶嵌在墙壁外侧以防水（图 59a）；用烧结砖在黏土墙外侧砌一薄墙，中间可留空（为稳定，可局部拉接）（图 59b）；可在黏土墙外用木板、铁板或石棉板做护面（图 59d）。

方法二：用平板石头或其他东西做成披檐来防水，沙特阿拉伯西南部就有类似的做法（图 60）。

（3）屋檐 / 基础 / 墙脚 / 散水

屋檐：黏土房屋的屋檐最好能伸长出挑，以防雨水对墙体的破坏；另外，窗户上一般不要设平遮阳板，因为雨水可能聚集起来破坏墙体（图 61）。

基础：在干燥地区，土坯墙可以直接坐落在夯实的土地上。在潮湿地区或土壤有反浆的地区以及寒冷地区，基础可以用石头、烧结砖或混凝土地梁做成，但至少高出地面 30cm，以防雨水

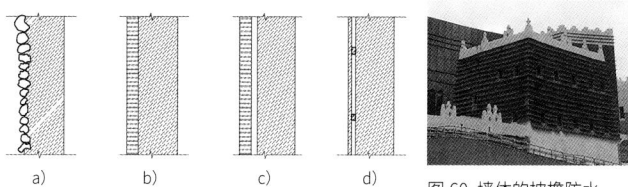

图 59 四种镶面处理，自绘

图 60 墙体的披檐防水

图 61 窗户上方的处理，重绘

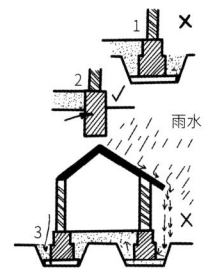

图 62 防止屋檐水渗进较大的基础坑，重绘

溅湿墙体。如果造价比较低，用不起水泥、烧结砖、石头，可用沙子填满基坑，在基坑内挤紧，也可承受墙壁的重量，而且可防止反浆，同时对抗震也有利；沙子不能作为填充在整个高度上的基础材料，自地面以下约 40cm 的范围内，应把松散的沙子换成坚硬的基础，为此，应从不小于 40cm 的深处，向砂中掺加水泥，在靠近地面 20cm 以内，水泥的含量可加大一些，应把基础做出地面至少 30cm；为了进一步节省水泥，一半水泥可用细致拌好的稀而肥的黏土浆代替。如果当地有石头，那么可用带有谷壳并掺有大量麦秆的稠土坯膏代替水泥砌筑基础，进而节省造价。如果没有石块，有木料，那么也有一种便宜且比较有效的方法，类似上文"土坯 + 树枝"的做法，可将树枝以抗水性较强的竹子代替。

墙脚 / 散水：要避免房檐水渗进较大的基础坑而损坏基础和墙体（图 62）。散水要做好，在散水端头最好能留有排水沟，使水能迅速排走。基础与土墙之间要以防水层隔开，通常低廉有效的做法就是以防水油毡间之，或者更便宜的做法是以防水土坯膏（谷壳 + 黏土膏）间之；基础与墙的交界处不能出现水平小台儿，

以防雨水聚集而破坏墙体（图63）。

（4）**通风** 通风是防止墙体潮湿的一个比较重要的方法。即便基础与墙壁之间有较好的防水层，如果房间不通风，房间内也会潮湿，从而影响墙体的质量，如墙脚处、窗台下以及靠外墙摆放家具的后面。另外，墙壁有1%的湿度，其热传导性能够增加7%；当湿度增加5%，热传导性即增加35%，相当于将墙体减薄1/3。不通风，是不可能使房间保持干燥的。因此，房内不管是否有火炉，都必须保持通风。

经验指出，在墙壁上顶棚下做一些10cm×10cm的小通风口（图64 a），昼夜开放时（在严寒日只开放几小时即可），对于干燥房间来说，要比大通风口（几乎经常关闭）要好得多。

除此之外，还有一种干燥墙角（建筑物最易潮湿的地方）最简单最有效的办法（图64b）：在房屋的每一个外墙角上，做2个直径3cm的孔，一个在天花板下0.7m左右，一个在地板上0.7m左右。如图中箭头所示，冷空气自这些孔内沿着墙壁穿过，谁也不打搅。在大风和严寒时期，也很容易将这些孔关闭起来。

在窗台下，也应作一个同样的孔眼，以便使这部分墙壁通风（图64c）。

为了制造孔眼，在筑造墙壁时，可向壁体内加进光滑的、削成锥形的木棍，棍上可涂抹脂油或机油；在墙体略经干燥后，应立刻拔出木棍，因为从完全变硬、已发生沉陷的墙壁中拔出木棍，几乎是不可能的。

4. 土坯墙的抗震做法

尽管许多历史土坯建筑表明，土坯墙具有比较强的抗震性，但是，有时还会对地震区土坯建筑进行一些特殊处理，最终目标是使土坯墙不会倒塌。

1）**选址**：房子最好不要处在倾斜的基地上（图65）。

2）**基础**：土坯建筑坐落在大块的坚固岩石上不如坐落在砂石沟渠基础上抗震性好。

3）**平面布局**：围合平面不能太大，环形平面比矩形的好（图66）。中国福建土楼也很好地利用了这一规律，使抗震、防御、

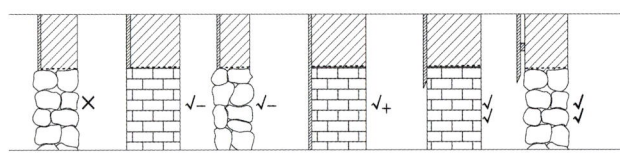

图63 基础与土墙之间需以防水层隔开，基础与墙的交界处的防水处理，自绘

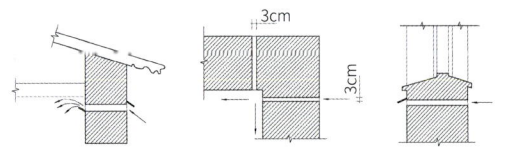

a) 顶棚下的小通风口　b) 干燥墙角用的通风眼儿　c) 窗台下的通风眼儿

图64 通风，重绘

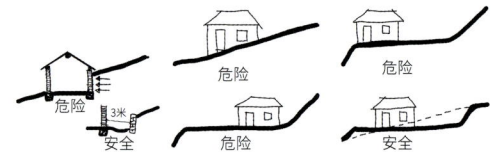

图65 土坯房抗震选址示意，重绘

图66 平面形状与抗震性，重绘　图67 福建土楼，林颖群提供 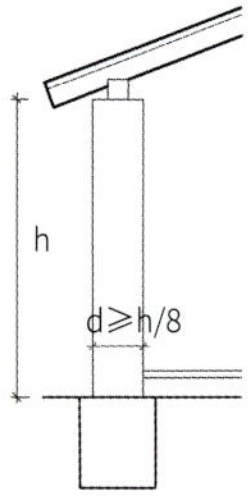　图68 抗震泥土墙的高厚比，重绘

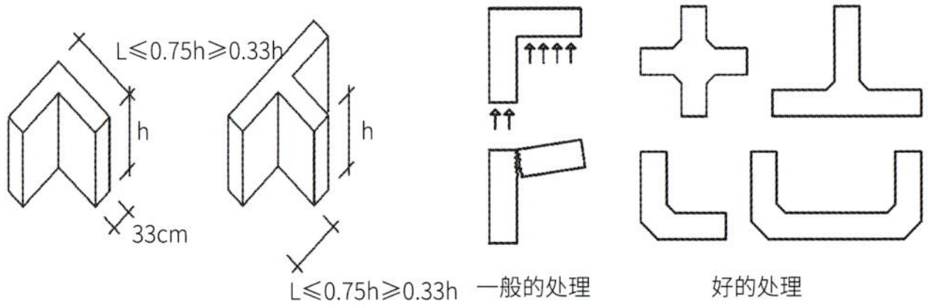

图69 墙角的加固处理（一），重绘

文化很好地统一了起来（图67）。

4）墙体加固措施：

高厚比：在抗震区内，黏土墙的高度不能超过墙厚的8倍（图68）。

墙角：墙角的墙不但要有高、厚、长的比例关系，还要注意转折处的构造设计。假如墙的厚度为33cm，那么墙角的墙长应在1/3h和3/4h之间；交角做成完全直角没有倒角牢固（图69）。另外，墙角也可设拉接构件进行加固（图70）。

曲墙：弯曲的墙比直墙的抗震性要好，若能与功能结合，那将是不错的设计（图71）。

扶壁与构造柱：如果墙体多设扶壁，那么抗震性也能得到大大提高（图72），最好每4m设一个扶壁，也可在墙内埋设构造柱（砖柱或木柱）来提高抗震性（图73）。在施工过程中，为了使黏土沉降时能够在构造柱上滑动不致墙体开裂，需在砖柱上涂上一层沥青或油脂，将木柱削成圆木并刨光，也涂以沥青或其他易于滑动的材料；整体浇筑土墙坯时，砖柱可省两根模板立柱。

留洞：黏土建筑的墙体留洞大小有严格的限制，不经特殊处理不能开过大过多的洞（图74），以保证墙体的整体强度。洞口两侧最好有和墙上圈梁和下部基础相连的构造柱相护（图75）。

加筋：就是在墙体内部加入"筋骨"，使墙的整体性加强，进而提高抗震能力。钢筋比较贵，可以用竹子等代替钢筋。这种做法对整体浇筑土坯墙、土坯垛墙、夯实黏土墙都比较适用；而对于土坯砖墙来说，错缝会使垂直方向加筋比较麻烦。图76～图78是1978年BRL（德国卡塞尔大学建筑研究实验室）所做的试验项目，墙体内加入直径2～3cm的竹竿，与墙体上端和下端的较粗竹子圈梁连结，形成整体，结果表明，这种墙的抗震性比不加竹子的墙提高了大约4倍。图79是1998年BRL在智利的一个低造价竹筋泥土建筑实例，采取了类似的做法。值得注意的是，竹筋上可涂一些油以防竹子腐烂或由于泥土沉降而使墙体开裂；竹子的大小也可调节。

加表面网：在墙壁表面蒙盖一铁丝网，将铁丝网锚固于墙壁内，再在铁丝网上做防水或其他面层，这样也可增加墙体的整体性，

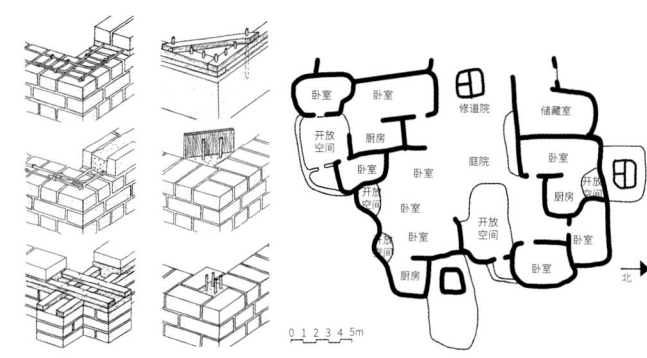

图70 墙角的加固处理（二），重绘　　图71 有利于抗震的弯曲黏土墙体，重绘

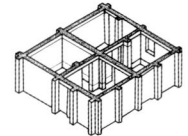 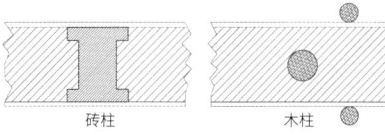

图72 土墙扶壁示意，重绘　　图73 砖与木的构造柱，自绘

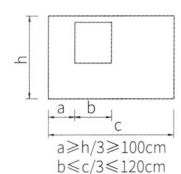 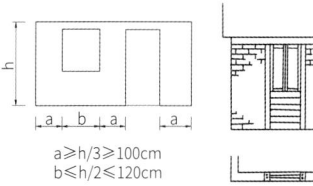

图74 土墙的留洞原则，自绘　　图75 洞口旁的构造柱，重绘

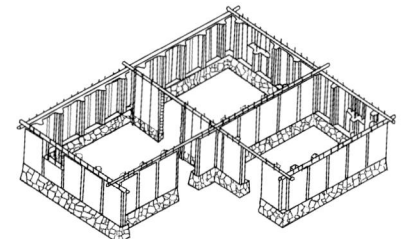 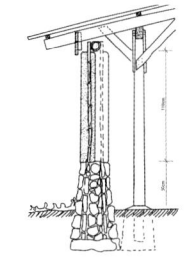

图76 BRL的竹筋布置示意（一），重绘　　图77 BRL的竹筋布置示意（二），重绘

提高抗震能力。若铁丝网的造价对业主来说有些昂贵的话，可用柳条编织网来代替铁丝网。

过梁与圈梁：在墙体上端最好设一圈梁，使屋架落在圈梁上；洞口上的过梁应深入墙体，不能太短，不低于30cm（图80）。

2.2.4 土坯屋顶之建造

1. 需要支模的土坯拱顶

使用土坯砖建造屋顶，可节省昂贵的水泥与钢筋费用，进而降低建筑造价；但是，若支模，则需要大量的模板和劳动力。所以在建造中应尽量省模板，对于普通的筒拱，如图81所示，可以采取图82的做法：使用小窄条木板，将砖均匀摆放好，然后在其上摊开泥浆，将缝填实。

加泰罗尼亚拱不需支模，但是使用土坯则不太容易制作加泰罗尼亚拱，因为土坯与土坯之间的黏结力不够强，可以利用加泰罗尼亚拱的几何受力原理，将模板减小到最薄最简单的程度，可用潮湿的沙子铺在简要的模板上确定拱的曲线（图83、图84）。

还有一种土坯拱顶是在木结构的加固下完成的，图85是尼日尔（非洲中西部国家）正在施工的一木构加固的土坯拱顶建筑；图86是一木构加固的土坯拱顶屋内部。

2. 不需支模的土坯筒拱顶与穹顶

此种屋顶不但可以使用土坯来建造屋顶，可省大量的钢筋、水泥费用，从而使建筑造价得到大大降低；同时，由于不需要模板，造价还可得到进一步降低。

（1）**努比亚人的做法** 最常被拍照并见诸报端的早期此种拱顶建筑是位于埃及卢克斯特市的一座神殿旁边的莱美苏谷仓（Ramesseum granaries），这是一组排成一长列的土坯拱顶建筑，建于公元前1400年，采用了四层厚的土坯砖（图87）。另外，埃及地区的一些墓葬穹顶（图88、图89）也是用土坯建造而成，不需支模。

现在的阿斯旺地区的努比亚人穹顶建筑几乎完全承袭了古代

图78 BRL 施工过程，来源：Gernot Minke

图79 智利的一低造价竹筋泥土建筑外观，来源：Gernot Minke

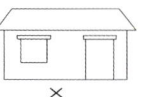 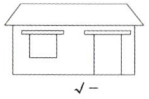 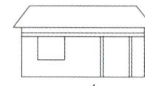 
图80 过梁与圈梁，自绘

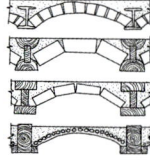

图81 土坯拱顶图，重绘

图82 小窄条模板图，重绘

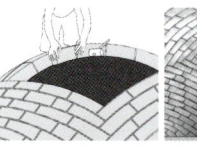
图83 用潮湿沙子确定拱的曲线图，重绘 图84 脱模后的室内拱顶，重绘

图85 尼日尔一木构加固的土坯拱顶建筑的施工图

图86 尼日尔一木构加固的土坯拱顶内部

图87 埃及的莱美苏谷仓，来源：Olaf Tausch

图88 埃及一古代君王墓，来源：Hatem Moushir

的技术（图 90），不需要模板，只使用土坯砖来砌筑，土坯砖的大小是一样的，25.4cm×15.24cm×5.08cm，重 36.74kg。他们的筒拱施工过程是这样的：先用土坯砖砌筑一道墙，然后在墙上按一定的弧度（趋近抛物线）抹泥，之后从角部开始砌三角形找出倾斜角，再倾斜地一层压靠着另一层来砌筑，从而省去模板（图 91～图 94）；在砌筑过程中需用锤子用力捶打土坯砖，使其与泥浆充分结合（图 95）。穹顶施工与筒拱的一样，也不要模板，一层压靠在前一层上进行施工（图 96），此种屋顶的母线也趋近于抛物线。另外，在施工过程中弧度的确定及平面上圆的确定依靠一根绳子或棍子（图 97）。

埃及现代建筑师 Hassan Fathy 在做他的第一个项目时，由于经费极度紧张，就连支模的木材都无钱去买，他想到了先人曾有不支模建造筒拱及穹顶的做法，可屡试屡败，于是亲自到阿斯旺考察，专门从阿斯旺带回两个努比亚工匠，建造了许多优秀的低造价土坯建筑（图 98、图 99），专门成书 *Architecture for the poor*。由于此种筒拱是一层斜靠着前一层来施工的，所以，筒拱末端才会出现倾斜的断面（图 100）。Hassan Fathy 的拱圈则需要支模（图 101）。Hassan Fathy 的穹顶的平面一般为正方形（图 102），在正方形向圆形过渡期间，沿用了传统的两种做法，一种是叠涩成拱（图 103、图 104），另一种就是内角拱（图 105～图 107）。

Fathy 认为，穹顶不但节省了水泥，而且还有很好的热环境调控效应，原因有三：其一，穹顶比平屋顶高，热空气上升聚集在穹顶内，然后从天窗排到室外，促使室内的空气流动，进而降低室内温度；其二，穹顶在一天中有一半时间是被阳光照射，另一半处于阴影之中，于是就促进了热传导，再加上穹顶表面积比较大，那么对改善室内温度就很有利了；其三，穹顶半面阳光，半面阴影，其两侧的表面温度不同，进而使穹顶两侧的空气温度也不同，于是将促进穹顶局部风的形成，将屋顶的热量带走而达到降低室内温度的目的。

尽管是低造价的房子，Hassan Fathy 却塑造出了宫殿般的神圣气质，这一点我们可以从他塑造的光环境略知一二。

图 89 埃及的一当代墓，来源：Roland Unger

图 90 努比亚人土坯筒拱顶及穹顶民居，来源：Myousry6666

图 91 努比亚筒拱施工：抹泥（一）

图 92 努比亚筒拱施工：抹泥（二）

图 93 努比亚筒拱施工

图 94 后一层倾斜压靠在前一层

图 95 用锤子敲击压实

图 96 努比亚穹顶施工

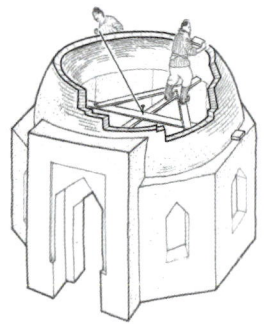

图 97 新疆穹顶圆的定位法（类似努比亚穹顶），重绘

图 101 Fathy 在美国的一建筑工地

图 100 筒拱的倾斜面，来源：Viktor Lazić

图 98 一住宅入口，来源：Viktor Lazić

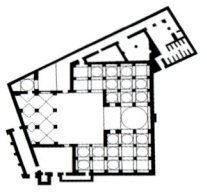

图 102 Fathy 的一清真寺平面：正方形格网，重绘

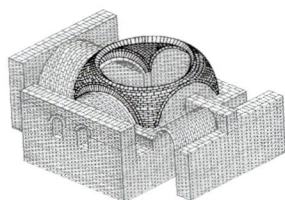

图 103 叠涩成拱示意（一），重绘

图 104 叠涩成拱示意（二），来源：Viktor Lazić

图 99 一市场筒拱屋顶，来源：Viktor Lazić

图 105 内角拱（一）

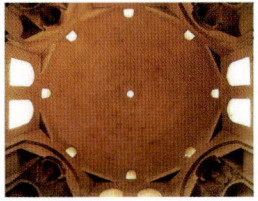

图 106 内角拱（二）

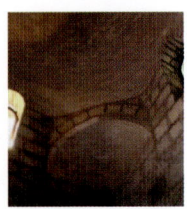

图 107 内角拱（三）

在研究 Hassan Fathy 的土坯筒顶时，有一个疑问：筒拱建成之后能否将端头墙去掉？尤其是在看到他的一个小建筑时（图 108）。此建筑整体倾斜且并没有看到端头墙，是建成后拆去了？还是建造时就没用端头墙？至今，我并没有找到可靠的证据。

（2）阿富汗和波斯土坯顶 在阿富汗，也有一种不需支模的土坯顶建筑技术——从角部开始砌筑，然后类似努比亚人建造筒拱时那样，倾斜地一层压着另一层建造而成，只不过倾斜度有所变化，变化范围在 0～30°左右——这种技术已持续了数世纪。使用这种技术，可在正方形的平面上建造钟铃状的扁平圆顶。图 109 是在 4m×4m 的平面上建造的，5～6 个人半天就可完成。这种技术需让拱块底边接触，于是上边缘就会有一缝隙，需用楔子塞实（图 110），以保拱顶牢固；在灰泥干燥前拱形结构就开始成形，于是，甚至在建造过程中，建造者就可直接站在屋顶上。

我将此种技术概括为 4 个字——"有角就中"，建造方式有两种类型（图 111），若留天窗，那么天窗大小、光线强弱可自由控制！

传统阿富汗顶一般是从两个方向往中间相合，其实，也可从 4 角的 4 个方向以同样方法砌筑且向中间相合（图 112），传统的波斯顶就是这样做的（图 113、图 114）。图 115 是 BRL 所做的传统波斯顶的试验模型。

（3）BRL 的试验与实践

1）对努比亚筒拱的思考：努比亚筒拱不需支模，只需一端头墙即可，Hassan Fathy 对努比亚筒拱的应用基本遵循了传统技术，其实还可有两种变形（图 116），以图在纵向空间上的延展。BRL（德国卡塞尔大学建筑研究实验室）对第一种变形进行了试验，依现代力学原理将倾斜角度确定在 65°～70°之间（图 117）；上边缘也用楔子塞实（图 118）。对于第二种变形，BRL 并未做详细的试验，但是这种变形值得关注，因为中间封口处可留大小不等的天窗，为塑造室内的光环境提供了有利的条件。

2）对阿富汗和波斯拱顶的思考：传统的阿富汗顶一般是从正方形的平面上起拱而成，而传统阿富汗顶的要诀就是"有角就中"，那么拱的平面就未必只能是正方形了，可以是多边形、不规则形，

图 108 倾斜小建筑的高端

图 109 阿富汗顶的施工

图 110 塞入楔子

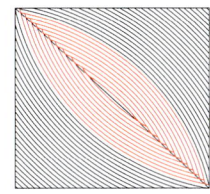
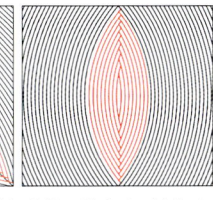
图 111 阿富汗拱顶建造起点的两种类型及缝合形式，自绘

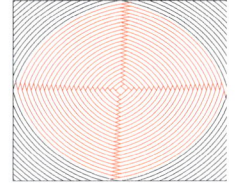
图 112 从四角的四个方向向中间相合，自绘

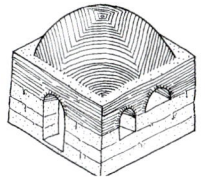
图 113 波斯拱顶的施工（一），重绘

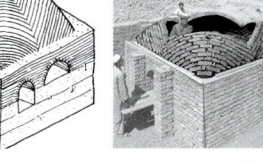
图 114 波斯拱顶的施工（二），自绘

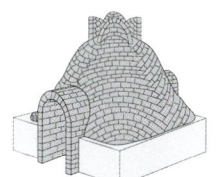
图 115 带有捕风器的波斯顶模型，改绘

图 116 努比亚筒拱的延边类型，自绘

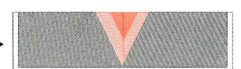

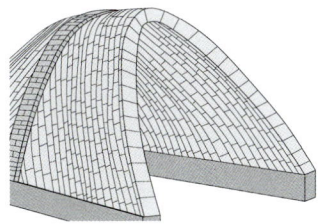
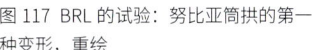
图 117 BRL 的试验：努比亚筒拱的第一种变形，重绘

图 118 用楔子（土坯质）将上边缘的缝隙塞实

还是那句话"有角就中"。另外，拱顶中间的缝合有两种方法，第一种上文已论述，即保持同一方向一直砌至缝合为止；第二种，当底边相遇之后，再更换方向，从底边相遇而成的角部开始砌筑直至缝合（图119）。BRL 曾在一些实践项目中对此加以应用（图120～图122）。

3）努比亚筒拱与阿富汗拱的结合：①上文所述的以努比亚筒拱顶来扩展空间的第二种变化类型中，缝合处是以相同方向相同方法砌筑而成（图123）。这里可以有个改造：努比亚拱与阿富汗拱结合，即在努比亚拱的中间缝合处的角部将阿富汗拱顶引入进来，这样可改变室内高度，丰富室内的空间效果。图124是 BRL 所做的试验。②阿富汗拱顶的土坯砖的倾斜角度一般为0～30°，这样就可从水平面上起拱，平面也可不必是正方形；另外，拱顶的曲度也可结合努比亚顶有所调整，从而扩展阿富汗顶的用途，BRL 对此也进行了一些试验（图125～图127）。

4）对努比亚穹顶的改进：传统的努比亚穹顶的定位通常简单地借助绳子确定穹顶的圆，可是，穹顶的母线曲度就只能靠工匠的经验了，而曲线如果定位不妥，那么将直接影响穹顶的受力及强度。于是，现代人将倒悬线技术引入（保证穹顶的最合理受力）的同时，开始研究如何准确定穹顶的母线曲度。图128 是法国发展工作室对努比亚穹顶施工工具的改进，而且还运用此工具在尼日利亚建造了一些房子。不过，法国发展工作室的工具对母线的确定还是不够准确，于是，德国 BRL 又对其进行了改进，并以此建造了若干房子（图129～图138）。德国 BRL 的主持教授兼建筑师是 Gernot Minke 先生，其用此技术建造的穹顶内部不但有叠涩，有时突出的砖还是圆角，这是为了改善此种穹顶内部的声音效果（图134、图135）。

3. 土坯平顶与土坯坡顶

（1）土坯平顶 在干燥地区，土坯平顶已经有几个世纪的历史了（图139、图140）。所有的土坯平顶在结构上都非常类似，树干或竹子形成主结构，枝条密铺，然后在其上铺土坯膏（主含稻草），压实并抹面。最后一层土坯膏还含有大量的粗砂，有时

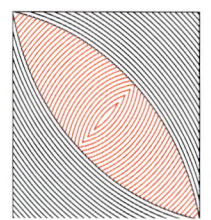
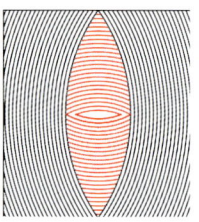

图119 拱顶中间的缝合，自绘

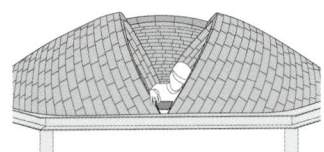

图120 BRL 缝合法改造拱顶的施工过程（一），重绘

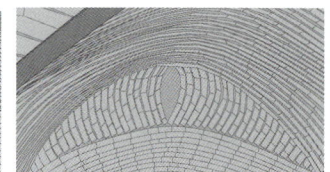

图121 BRL 缝合法改造拱顶的施工过程（二），重绘　　图122 BRL 的拱顶内视，重绘

图123 努比亚筒拱顶的缝合：努比亚拱与阿富汗拱的结合，自绘

还掺入头发、纤维或者是牛粪，然后小心抹平。在少雨地区，屋顶开裂不是问题，因为当水进入裂缝，泥土会膨胀并自我密封。在雨水较多的地区，需额外增加一层保护层，比如像土耳其，人们从盐湖边获得高含盐量的泥土来密封土坯屋顶，原理是：利用盐的吸水性使屋顶长时间保持潮湿，进而阻止雨水的渗透，在干燥过程中出现的开裂，一见到雨水马上就可愈合。随着雨水的冲刷，

图 124 BRL 对努比亚顶与阿富汗顶结合的试验 1，重绘

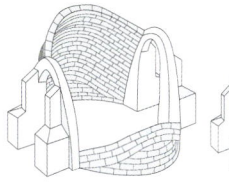

图 125 BRL 对努比亚顶与阿富汗顶结合的试验 2：平地起拱（一），重绘

图 126 BRL 对努比亚顶与阿富汗顶结合的试验 2：平地起拱（二），重绘

图 127 BRL 对努比亚顶与阿富汗顶结合的试验 3，重绘

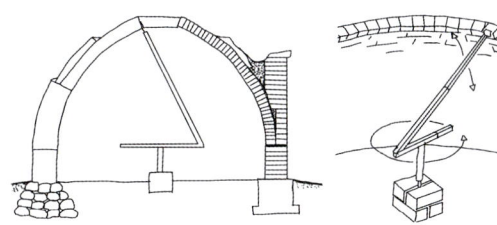

图 128 法国发展工作室对努比亚穹顶施工工具的改进，重绘

图 129 BRL 在卡塞尔大学利用改进后的工具建造一试验建筑：净跨 7m、净高 6m，来源：Gernot Minke

图 130 BRL 在玻利维亚利用改进后的工具建造一音乐厅：净跨 8.8m、净高 5.5m，来源：Gernot Minke

图 131 建造过程，来源：Gernot Minke

图 132 BRL 在玻利维亚利用改进后的工具建造一音乐厅的外部抹泥施工

图 133 玻利维亚音乐厅抹有防水层的外观，屋顶设一金字塔形玻璃天窗，来源：Baummapper

图 134 玻利维亚音乐厅出现叠涩与圆角砖的室内，来源：Baummapper

图 135 叠涩与圆角砖大样，来源：Baummapper

图 136 BRL 在印度利用改进后的工具建造一办公建筑

图 137 印度工人正在向办公建筑外面涂抹防水泥浆

图 138 建成后的印度办公建筑，来源：Gernot Minke

屋顶的含盐量会降低,所以需定期向屋顶洒盐水。

土坯平屋顶最薄弱的地方是顶与墙交接处,传统处理办法一般有 4 种,如图 141 所示;屋顶需要上人的时候,最好再铺一层薄瓦片以防对土坯防水造成破坏。

(2)土坯坡顶⊖

1)黏土麦秸束屋面:铺设黏土麦秸束屋面的工作步骤大致为,①收集麦秸,最好是完全未经搓揉过的麦秸,即未经打麦机或压麦机的麦秸;②捆成麦秸束(麦秸捆);③配置稀黏土;④将麦秸束浸泡在稀黏土内;⑤浸泡之后再进行干燥;⑥将麦秸束运到檩条上;⑦解开麦秸束;⑧将解开的麦秸束铺放在屋面各个部分的檩条上(出檐处、屋脊上、凸出的棱角处、天沟上、烟囱处等);⑨倒上黏土谷壳材料后,再进行梳理和刮平。

做屋面用的最有价值的、肥的抗水性黏土,是很难打成小碎块的,更难在水中溶解。这种黏土应当在秋天就打成小碎块,堆成 1/2~3/4m 高的垛或坨,浇数次水浸湿它,留待冬天结冻。到春天,这些冻透了的黏土,就会散成一些细粒,能更容易溶解于水中。

稀黏土的稠度应当是:当插入 30cm 长的直且粗的麦秸时,此麦秸能够徐徐下沉;把黏土自桶内倒出时,有些黏土会糊在筒壁上,但却不会留下凝块;把麦秸束投入其内时,黏土会透进麦秸束的内部并沾满此麦秸束。

浸泡麦秸束需挖 5 个深 0.75m 左右的坑,其中两个是为搅拌黏土之用,一个是盛搅好的稀黏土液并在其内浸泡麦秸束,另外两个是储存在黏土液内已浸泡过的麦秸束、浇注稀黏土浆以及用脚挤压出麦秸中的空气之用。

将已栓制好的麦秸束,用大叉子叉住其系绳处,沉入黏土坑中,随后再把它放在另两个坑中。这两个坑中事先用麦秸铺一层底,以免麦秸束被弄污。麦秸束在坑内铺放时应使其根部对着墙壁。铺完一层后,工人应将这些麦秸压紧,以便能很好地浸透,然后,一面浇灌黏土浆,一面按照同样程序再铺放,直至铺到坑顶为止。

⊖ 主要参考:Н. В. Нагорский. 土坯建筑. 张秋涛,译. 建筑工程出版社,1958。

图 139 美国新墨西哥的印第安人民居,来源:John Гyfe

图 140 非洲一土坯平屋顶,来源:Angeline A. van Achterberg

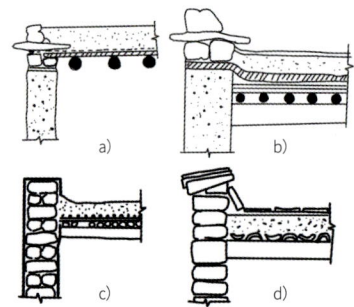

图 141 土坯平屋顶的脚部处理,重绘

为了不使麦秸束漂浮起来,需用木板及重物。麦秸束在重压下静静浸泡两昼夜,然后小心地将其从坑中取出,在地上堆放成垛,使多余的水分流走。为了防止风及太阳把麦秸束的表面吹干或晒干,应该用麦草把堆垛盖起。麦秸束还需在堆垛中静置两昼夜,以使黏土浆在堆垛中变稠。此后,麦秸束即可运送屋顶使用。

先把麦秸束放到檩条上,切断系绳,按照图 142 将其展开。麦秸束的表面层较其中心常有更多黏土,将这黏土较多的一面原样不动地朝上铺到檩条上。屋面的铺设工作,从屋顶底部出檐处开始(图 143)。出檐处易被冲毁,故出檐处应铺厚一些。第一批麦秸束,其根部应对着封檐板铺放,之后的麦秸束,则应根部向上,弯到檩条的下面。麦秸束都需平着搭放在下面的麦秸束上,同时须注意屋面的厚度,其中出檐处 15~17cm,屋坡处约 12cm,屋脊附近约 10cm,屋脊上又需加厚一些。在铺设麦秸束时,应将其拍压紧密并保持平整，不使屋面凹凸不平。为了使麦秸束铺得密实一些，应当用钉子刷（图144）进行梳刷，梳刷需自上而下。最后，因为黏土谷壳泥浆比黏土麦秸材料抗水性强，故需用黏土谷壳泥浆来浇筑屋面。为使屋脊更坚固，可将之做得尖一些；当窄条铺至屋脊下时，应将最后一批麦秸弯过屋脊，轮流交错排放。趁屋脊还柔软时，尽可能把其侧边做得尖锐一些。烟囱旁铺设麦秸束的方法见图145。

屋面最易被冲毁的地方是天沟。如不能避免，则在天沟处将麦秸束铺厚一些，需十分细心地把沿着水流斜坡铺放的麦秸束搭接好。屋面一旦出现破坏应立即加以修补。急雨之后，屋面常会出现一些小细水沟，应立刻用钉子刷梳刷这些小沟，灌以黏土谷壳泥浆，然后抹平；发现漏洞时，应把漏洞处拆开，重新嵌以麦秸束，梳刷后，灌以黏土谷壳泥浆，抹平。

2）**黏土谷壳屋面**：黏土谷壳屋面与黏土麦秸束屋面的不同之处是它的坡度比较小：4°～8°（上升高度是两面破跨度的1/30～1/15）。坡度不宜做得太大，因为坡度太大时，雨水能迅速强烈地把屋面冲毁；但坡度较小的屋面上，很容易由于粗心大意而造成坑洼，坑洼易积水。

黏土谷壳屋面之下，如在檩条上没有垫层，就会塌落下来，因此，在黏土谷壳屋面之下应当用芦苇或黏土麦秸束——哪怕是压扁的麦秸——铺一层屋面垫层；或者在檩条上铺树枝或木板条等。利用芦苇束以及厚木板条做垫层时，檩条之间距可达到30cm；用压扁的麦秸做的黏土麦秸束充当垫层时，其间距应在18cm以内。

谷壳同样应掺到屋面底层的垫层内，进而提高屋面的抗水性。面层底部垫层，可采用这样的配方：每立方米黏土膏，掺入50kg麦秸，50kg谷壳。垫层的厚度为5～6cm。铺放垫层时，需使用抹灰板以保证屋面平整。当屋面垫层干燥（但勿等其发白），在其上用抹灰板涂抹几层黏土谷壳材料，每层厚度约1～1.5cm。每抹好一层，需要等其干燥后（勿等其发白）才可以再抹下一层。这样一来，与屋面垫层加在一起约9cm。每涂抹一层，都需用抹灰板将屋面修校平整。

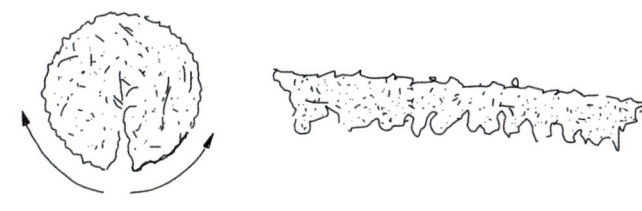

图142 左为展开前的麦秸束，右为展开后的麦秸束，自绘

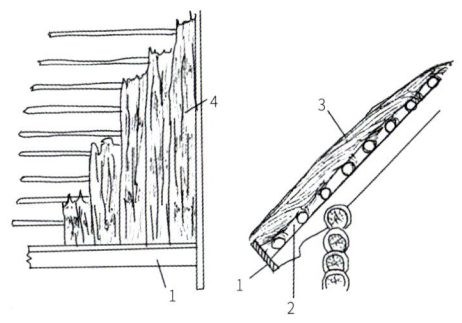

图143 向檩条上铺设麦秸束的顺序，重绘

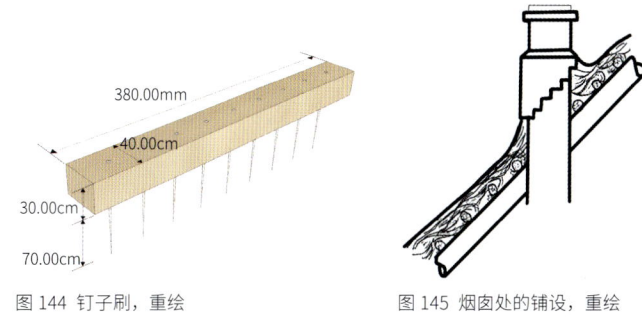

图144 钉子刷，重绘　　　　图145 烟囱处的铺设，重绘

图146所示为屋面的结构图：顺屋坡与横屋坡的屋盖边部剖面图；屋盖脚部骨架仰视图及用镀锌铁皮做得宽2～2.5cm的小

檐沟，其作用是把水从檐头木框处及花檐板处排走，以免由于从屋面上冲下来的泥水长久地留在木框及檐板上而变脏。烟囱周围的屋面应加高约 5cm，以便水绕过烟囱。

3）BRL 关于土坯屋顶的研究[一]：BRL 的工作与前面两种做法最大的不同是材料以及配比的不同，但目标是一致的，即如何提高土坯屋面的防水性。BRL 曾将研究成果在南美洲厄瓜多尔付诸实施，建造了一个低造价原型实验建筑，图 147 为结构示意。木结构上搭芦苇，再在其上铺土坯膏，厚度为 8cm 左右。第一层土坯膏包含细浮石（直径 0～12mm）和废机油（52 份黏土：28 份浮石：1 份油）。最上面一层 2～3cm 厚，配比为：72 份黏土、36 份浮石（直径 0～5mm）、12 份牛粪、12 份驴粪、8.5 份机油、6 份剑麻纤维（3～5cm 长）、1 份二次煮沸的亚麻籽油。几天后，当混合物稍微干一些，就用金属泥铲使劲按压直到其表面光滑为止。

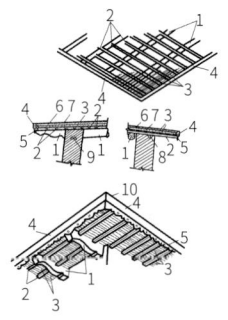

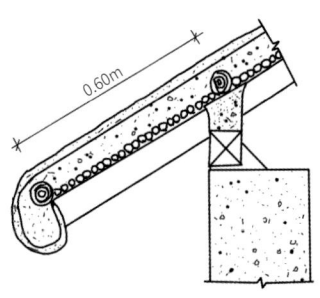

图 146 黏土谷壳屋面，重绘　　图 147 BRL 关于土坯屋顶的做法，重绘

2.2.5 土坯地面的做法

1. 关于土坯地面

土坯地面由于所用材料比较便宜，而且施工技术也比较简单，所以造价比较低；如果土坯地面全由屋主自助修建，成本将更低廉。土坯地面也很舒适，踩在脚下触感比较柔软，没有混凝土等地面常有的那种冰冷的感觉，而且土坯地板有冬暖夏凉的效果；磨光并密封后，它们通常泛着皮革般的光泽。

过去几代人，常规的住宅泥土地面是把泥土夯实，然后表面用动物血液处理一遍，一般用羊血或牛血，帮助泥土地面抵抗磨损和湿气。现在，过去常用的动物血液处理法已经被黏土、农作物纤维和油性密封剂的混合物取代了。土坯地板不仅可以在干燥地区使用，也可以在寒冷湿润的地区使用，还很坚固耐用。

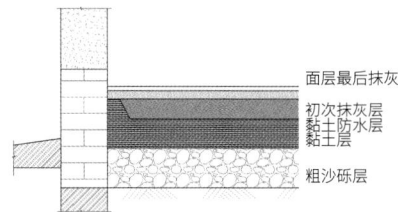

图 148 土坯地板类型一示意，自绘

2. 土坯地面的建造[一]

（1）**类型一**　此种做法主要有 5 步（图 148）。

第一步：底层

建造土坯地板最关键的一点是确保底层的防水和稳固。干燥地区，土坯地板直接建在原有地面上就可以了。如果是潮湿地区或地面运动很明显以至成为一个必须面对的问题的话，最好对底层土进行改造，做出干燥结实的基础。一般需要将原有地面以下 8～30cm 的土刨开，代之以沙砾、浮石或者富含沙子和沙砾的泥土混合物就行了。如果需要防潮层的话，就要在沙砾层之下先

[一] 主要参考：Gernot Minke. Building with Earth. Germany, 2006。

[一] 主要参考：林恩·伊丽莎白 卡萨德勒·亚当斯. 吴春宛，译. 新乡土建筑——当代天然建造方法. 机械工业出版社，2005。
Gernot Minke. Building with Earth. Germany, 2006。

铺上几厘米厚的斑脱土。浮石的优点是有利于保温隔热和排水。如果已经用沙砾、浮石或者其他粗糙的材料做了排水层，其上就需要一个覆盖层来帮助密封这一多孔渗水的空间。一层薄的黏土泥浆和农作物纤维的混合物，或者类似的材料就能起到密封的效果。

第二步：黏土层

铺上几厘米或十几厘米富含黏土的泥土。这层黏土应该先弄湿，然后手工或者用机器夯实，这是为最后的抹灰和磨光层打下稳固的基础。如果要安装地暖，设备就安装在此层之上、上面的抹灰层之下。

第三步：初次抹灰层

初次抹灰层应该含有足够多的黏土，让抹灰黏性较大但还不至于破裂。太多的沙子会阻碍泥土的紧密黏结。

第四步：最后抹灰层

最后抹灰层包括两到三层抹灰，抹灰材料的成分是泥土、黏土和农作物纤维，每层为 1.5～2cm 厚，用泥铲抹平。让抹灰层经久耐用、不出现裂纹的诀窍就是抹灰材料的各成分比例要适当，确定配比的办法是先在小范围内做试验。如果没有好的黏土，或者地面的底层不是泥土、需要额外支撑的话，可以加入一些稳定剂——例如淀粉糊、酪蛋白、人造胶水，或者是水泥——来让地板更坚固。

很多土坯地板修筑失败、出现大范围的裂纹，是因为施工者在铺设泥土地面的时候试图模仿混凝土的浇筑程序，即将大量湿润的黏土和沙子混合物直接倾倒在地面上，然后平整成 10cm 左右厚的地面层，最后压光磨平。这样的厚度和湿度，而且过量的黏土一次性铺设，极容易导致裂纹的出现。如果地面的基础很结实，铺上去的泥土面层可以很薄，大约 2.5cm 或稍厚一些就可以了。地面材料越厚，就越难控制。

第五步：地板表面的坚固与防水处理

最后一步是让地板表面更为坚固并做防水处理。这需要几层氧化油，例如亚麻油或者大麻油，这是最常用而且最便宜的氧化油。氧化油最好在使用前先加热，让油的温度接近沸腾。第一遍磨光

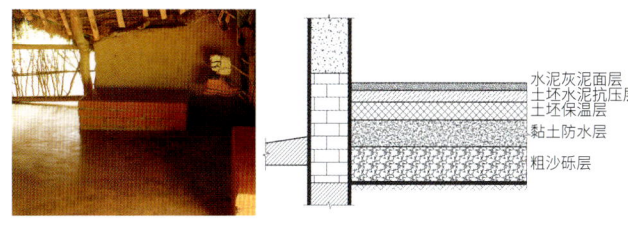

图 149 上油并磨光成有光泽的　图 150 土坯地板类型二示意，自绘
土坯地面，来源：Flickr 用户
Aniket Thakur

的时候需要用纯的氧化油，后面几道磨光时油就可以用别的溶剂适当稀释了，稀释的程度最高可达 75% 的溶剂配 25% 的亚麻油，这种混合物也能形成比较好的保护层。几乎所有的溶剂，从便宜的无臭松节油到昂贵的柑橘油稀释剂，都可以使用，视经济条件而定。这几道油都是使用刷子抹到地板上的，操作起来很简单。油和稀释剂都最好要有较强的渗透性，这样才能加固地板并起到防水层的作用。向地板上刷油的时候，每一层都要涂到地面材料无法再吸收的程度，让油充分地浸入材料中，这时候就可以停止了，若再继续涂下去的话就会在地面上形成一层油腻的薄膜了。

这种多层刷油的办法可以给地板提供一个抗磨损层。地面若想改变颜色，可以借由选用的彩色黏土或油做到（图 149）。如果希望地面更光滑，最后可以用清漆刷一遍。用清漆涂过的地面更适合打蜡，地板要上蜡的话，最后一层抹灰必须非常平滑、没有凹坑，否则容易聚集地板蜡而形成污浊的一块。需要指出的是，亚麻油能提供坚固的表面，但它的不利之处在于气味比较重、干燥时间比较长。

（2）**类型二**　类型二与类型一基本类似，只是在配料和局部细节上有所不同（图 150）。最下层也是粗沙砾防水分的毛细现象；然后是一层 15cm 厚的富含黏土层做防水层；接着是 10cm 厚（麦秸或稻草）土坯层做保暖层；再后为 4cm 厚土坯层，可以加入一些水泥（1 份水泥：6 份土坯），做抗压层；再后为 2cm 厚拌有锯屑的水泥灰泥；再后为两层水玻璃，就在上层还潮湿时涂之；

最后待地板完全干燥后，打蜡即可。

（3）**类型三** 此种类型是 BRL 研制成功的（图 151）。先是 15cm 厚的粗沙砾防水分的毛细现象；然后铺一层油毡（或用沥青浸泡的毡）；再后铺一层 10cm 厚的土坯层做保暖层，在其潮湿时将其压实（图 152），在其上放间距较大的，截面为 100×100 的木格子，接着再铺一层黏土灰泥并压实，然后在其上放小木格子（图 153 左图）；接着填黏土灰泥，灰泥内掺入 6%～8%（体积）的二次煮沸过的亚麻油；最后用金属泥铲磨光表面（图 153 右图）。木格子的作用是防裂、抗磨损。

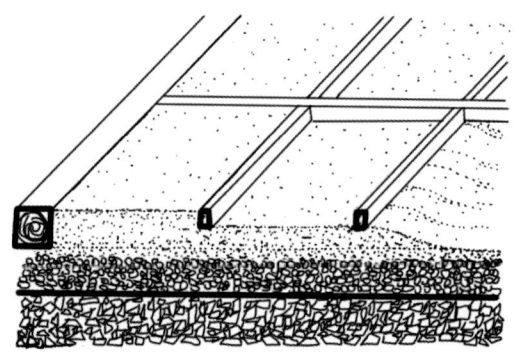

图 151 土坯地面类型三示意，重绘

图 152 压实黏土层　　图 153 放上木格子及用泥铲压实磨光，重绘

2.3 夯土建造[一]

夯土建筑的一些内容与上节的土坯建筑相似或相同，比如黏土的判断、墙体的防水与抗震、墙体厚度的确定等。本节只论述夯土建筑与土坯建筑有所不同的地方。

2.3.1 夯土墙

1. 材料

夯土建筑所需的理想泥土是一系列不同大小颗粒的混合物：小沙砾、粗砂和细砂，还有黏土。历史上夯土建筑所用的土壤中黏土和沙子的比例从 30%～70% 都有。判断黏土比例的方法在土坯建筑一节中论述过。有时为提高泥土的强度和抗腐蚀性，会向泥土中加一些水泥，一般体积比例为 5%～10%；有时黏土中还会掺入一些碎麦秆，勒·柯布西耶在 1944 年设计的"临时"建

图 154 柯布西耶 1944 年设计的"临时"建筑掺有碎麦秆的夯实泥土墙，出自《勒·柯布西耶全集》（中国建筑工业出版社，2005）

筑就采用了此种材料夯实成墙（图 154）。

泥土的湿度非常重要，如果水少了的话，土壤就不能可靠地黏结在一起，以后墙体就会容易碎裂；相反，如果水分过多的话，土壤就会变得过于柔软无法压紧，还很有可能黏在模板上，最后还会因为收缩过度而破裂。所有描述夯土建筑过文章（从有历史

[一] 本节技术资料主要参考：
Laurie Baker, Mud.
Anthony F. Merrill. The Rammed Earth House. Harper and Brother. 1947 Gernot Minke. Building with Earth. Germany, 2006。
林恩·伊丽莎白 卡萨德勒·亚当斯. 吴春宛, 译. 新乡土建筑——当代天然建造方法. 机械工业出版社, 2005。

记载的最古老文献开始）都提到过一种判断土壤湿度是否合适的办法：用双手捏一个小土球，当把手摊平的时候土球刚好能保持形状的话说明水分够多；如果土球碎裂，就要向混合物中加入更多的水；如果土球保持黏结状态，接下来试试从腰部让它落到硬地上，假如土球散开回到捏制以前的状态，那么土壤的湿度就合适进一步夯实了，假若土球落到地面后还黏结在一起，说明土壤的水分太多了，这时候需要将泥土留置一段时间待其干燥。

2. 模板与夯实工具

（1）**模板** 在土坯建造一节中已介绍过几种模板，但那里主要是针对整体浇筑土坯建筑的，现在讨论的几种方法主要是针对夯土建筑的，既简便又便宜。

第一种：传统型（图 155）。这种模板在拆除后会在墙体上留下洞口，这些洞口需要补填；为了减小洞口大小，可使用较细的钢筋作为连接。勒·柯布西耶在 1940 年设计的"Murondins"住宅的夯土墙模板就是最简单传统的一种（图 156）。

第二种：为避免小孔洞，可使用较长的支柱，摩洛哥的夯土施工（图 157）和我国的"干打垒"建造方式中使用的模板就是这种，厄瓜多尔地区也是如此施工的（图 158）。另外，如图 159 所示，也可使用长支柱，木板可以比较灵活地滑动。但是这种模板比较费木料。

第三种：弧墙的建造需要特殊的模板（图 160）。图 161 就是使用类似的模板于 1831 年在德国建造的一谷仓；勒·柯布西耶在 1948 年设计的居住的永久之城采用的是夯土技术（图 162），弯曲的围墙，现在没有考证出柯布西耶当时采用的是何种模板，我推测应该与图 157 的类似。

第四种：模板比较贵，应尽量减少模板的数量，为此，可以先砌一面墙，然后只架一面模板，在其间填充泥土并夯实（图 163）。当然，也可砌两面墙，在其间填充泥土，但这种做法的造价一般比较高。

第五种：将现代浇筑混凝土的整体钢模板用作夯土建筑的模板，造价比较高，这里不详细论述。

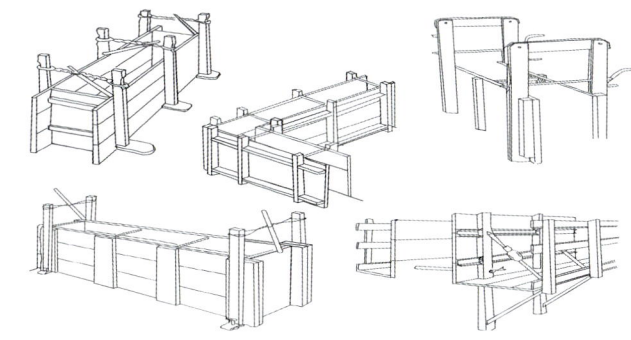

图 155 传统型模板，重绘

图 156 "Murondins"住宅的夯土墙模板，重绘

图 157 摩洛哥的立柱模板，来源：Amrdahish

图 158 厄瓜多尔的一立柱模板，来源：Nubarron

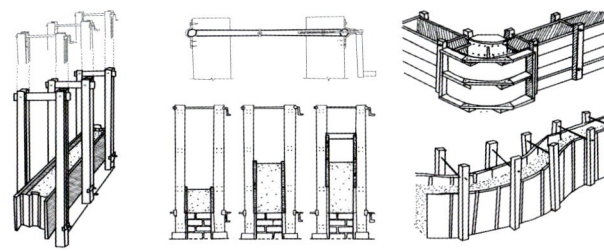

图 159 立柱模板的改进，重绘　　图 160 圆角墙与弧墙模板，重绘

（2）夯实工具　传统的夯实工具一般有圆锥形的、楔形的，还有平板的（图164）；不同层之间使用圆锥形或楔形的比较容易混合，但比较花时间；使用平板夯实工具的缺点是对侧面的模板的作用力较大；夯实工具不应该太尖，以免弄坏模板；夯实工具一般不小于60cm²，不大于200cm²，重量应在5～9kg之间比较好。另外，最好是一头圆形、一头方形，两头都可用，圆的用来处理一般的夯实墙体，方的处理拐角处。

在使用上述工具夯实泥土时，土层压到什么程度合适（坚固、紧实），声音是一种很好的指示。压得好的土层夯起来会发出"响亮清脆"的声音，有时会有回声。

（3）墙体开洞　夯土墙可支模留出洞口，但比较费模板，而且对夯实工作不利。鉴于夯实工作完成后，即可拆除模板，于是可在墙上用刀子或者锯切割、挖洞，洞口便可形成（图165）。特别值得注意的是，这种"减法"的操作方式，会创造出形状复杂的洞口。

（4）墙体抗裂　墙上的裂纹不是好看不好看的问题，裂纹会让雨水渗透进墙体，加速气候对墙体的侵蚀，因此防止夯土墙开裂是不容忽视的。夯土墙最容易出现裂缝的地方是两层连接处，上层比下层开裂的概率大（图166）。

抗裂法一：法国的做法——在两土层间加入石灰泥。有时，两端墙的垂直连接做成斜面，再加一层石灰泥，能很好地减少开裂。

抗裂法二：使用整体模板，避免土层连接而造成的裂缝。可在两端墙的垂直连接处做成"凹—凸"状，留出缝隙，然后再往缝隙里填入掺有8%二次煮沸的亚麻油的泥土。BRL在卡塞尔大学为研究此点建造了实验夯土建筑（图167），结果非常理想。

2.3.2 夯土拱

此研究是BRL于1983年在德国卡塞尔大学内完成的，这很可能是第一次对夯土拱的研究和实验：他们使用了一种可旋转并滑动的模板（图168），使用图169的夯实工具；拱的底部厚度为18cm，顶部厚度为12cm。

图161 一弧墙仓库，来源：Flickr用户Nevil Zaveri

图162 柯布西耶1948年设计的居住的永久之城的弯曲夯土墙，出自《勒·柯布西耶全集》（中国建筑工业出版社，2005）

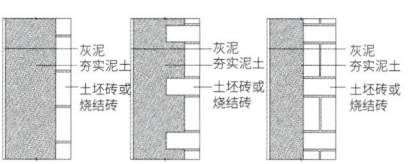
图163 单面模板的夯土墙，自绘

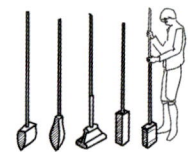
图164 传统的夯实工具，重绘

图165 用刀子在夯实泥土墙上开洞

图166 水平连接处和垂直连接处易出现裂缝，来源：Grégoire Paccoud

2.3.3 夯土建筑的干燥时间

夯土建筑与整体浇筑土坯建筑、"垛"墙等土坯建筑相比，干燥时间比较短，夯实工作完成即刻拆掉模板，只需3个星期就可完全干燥（温暖地区），可大大缩短建筑建造时间。

2.4 袋装泥土建造

2.4.1 概述

袋装泥土就是装在用纺织物或者塑料制成的一定大小的袋子里的泥土，有时候袋子里面会装上沙子或者沙砾，用来建造房屋基础、墙体和圆屋顶。这一技术本质上是夯土建筑的一种变形。

军队中使用袋装材料建造碉堡掩体等建筑物已经有很长的历史了，尽管现在还没有考证出最早的时间。第一次世界大战时用袋装泥土修建的战壕至今仍有保存。20世纪三四十年代建造的房屋也有由粗麻袋装满泥土和水泥建成的，修建的时候向土壤中加入少量的水，然后加入水泥搅拌。Gaviotas（加维奥塔斯）地区的哥伦比亚社区也采用相同的技术来建造池塘和堤坝，他们称之为"石框"（gabiones）。概括起来，近代历史上袋装泥土一般被用在5个方面，其中多数为需快速组装的救济工作：防止侵蚀，填充物为土壤或者混凝土；控制洪水，填充物为沙子或者混凝土；考古学家用来支撑要倒塌的历史建筑；军事碉堡和空袭掩体；景观美化，形式自由的堤坝或围墙。

德国建筑师弗雷·奥托（Frei Otto）对袋装泥土建筑很有经验。

图167 实验夯土建筑，来源：Gernot Minke　　图168 可旋转并滑动的模板，重绘　　图169 夯土拱的施工，重绘

最近的 Gernot Minke，他是一个建筑师，同时也是卡塞尔大学的教授，他曾是 Otto 的学生，近年利用他积累的大量经验建造了很多的袋装或管装泥土建筑，包括圆屋顶建筑。1978年，Minke 在危地马拉设计建造了一个低成本的单层建筑，用的材料就是把当地的浮石和沙砾装在棉布缝制而成的软管中。

近年来，美国对袋装泥土建筑也越来越感兴趣。现在的领军人物是美国加利福尼亚泥土艺术和建筑研究中心（Cal-Earth）的建筑师 Nader Khalili。自1990年，Cal-Earth 的研究员和合作者就开始研究如何进一步发展袋装泥土建筑，包括平直墙体和圆屋顶建筑。Khalili 对这项技术做了大量创造性的工作，包括使用未经切割的聚丙烯袋，他称之为"超级土坯"。他现在还在 Hesperia 继续他的研究开发工作，而且与国际建筑官员协商会（ICBO）联系密切，希望获得建筑规范对这种建筑的认可。其他一些建筑师也在设计和建造袋装泥土住宅，如亚利桑那州的 Dominic Howes、犹他州的 Kaki Hunter 和 Doni Kiffmeyer、加利福尼亚的 Mara Cranic。

袋装泥土建筑之所以得到如此的关注，主要有两个原因：低成本与形式自由。

低成本：袋装泥土建筑可使用当地或者地段内的土壤和普通的布袋；施工的过程也不需要太多的技能，而且比其他的泥土建筑（例如土坯或者草泥黏土等方式）要快得多；跟现代的夯实泥

○ 本节技术资料主要参考：
Gernot Minke. Building with Earth. Germany，2006。
林恩·伊丽莎白，卡萨德勒·亚当斯. 吴春宛，译. 新乡土建筑——当代天然建造方法. 机械工业出版社，2005。

土机械施工不同的是，它不需要很多工具，除了一把铁铲；这种建筑体系对于缺乏黏土或者木料，常常出现洪水和飓风的地区是非常有价值的。

形式自由：除了可以建造平直的墙壁或者对称的圆屋顶建筑，袋装泥土还可以像制陶工人用黏土卷雕塑陶器一样被用来编制成具有雕塑感的建筑物，这么一来，建筑就可以与周围的景观融为一体。除了能适应各种各样的地段条件外，袋装泥土建筑还可以更换布袋内的材料，如果建造方法正确的话，袋装泥土墙可以达到非常坚固的强度；它们对于偏远地区和需要灾后救济的地区来说非常有用，因为原材料中唯一需要人工的成分——袋子——很轻也很容易运输。

2.4.2 建造材料

1. 袋子

市面上可以买到的袋子有两种：粗麻布制的和聚丙烯制的。两种袋子都有卷成管状的，或者缝制成袋状的（稍贵一些）。

1）粗麻布：一种自然机织纤维，能够生物降解。只有填充物不是纯粹的沙子，而且还包含可压缩的土壤颗粒的时候，才能使用粗麻布袋。布袋的作用只是在一开始作为压缩土壤并使之成型的模具，当土壤定型并且被抹面之后，布袋就是多余的了。粗麻布袋不像聚丙烯袋子那样经年都不会腐化，价格还比后者要贵。

2）聚丙烯袋子：由塑料丝线编织而成的。聚丙烯在紫外线的照射下会变质，因此，这种材料在储存时要避开阳光直射。如果建筑不能在两个月内完成，那么所有露在外面的袋子都要用不透光的遮盖物挡起来。

3）再生袋：把商场或工厂包装商品的袋子回收，用来作为泥土袋也是可以的。回收袋中最常见的就是装种子、饲料或化肥的聚丙烯袋。

在选择袋子类型的时候需要考虑的一个重要的问题就是将来填充到里面去的材料是什么。一个基本原则是，填充材料越不牢固，袋子的材料就越应该坚固。在某些情况下，只要填充的材料够坚固，墙体暴露的地方把袋子剪掉也不会引起里面土壤的松散。另一方面，假如袋子里填充的是没有加稳定剂的干沙，那么很关键的一点就是袋子一定要用不可降解的材料制成，确保其强度能够承受固定和流动的荷载。

2. 填充物

由黏土和沙子混合而成的混合物是理想的填充材料，一般来说都是利用从地段内挖掘出来的土壤，先把表层土挖开，然后挖出下层土来使用。大块的石头，还有木棍和其他能降解的有机质都要用合适的筛子筛出来，否则以后就会在墙体中造成空洞；沙砾可以用于靠近基础的下面的沙袋里，以阻止湿气上升。

填充土可以是干的也可以是湿的。对小型墙体来说，可以使用干的材料，但是对于结构性的承重墙体，最好先将填充土喷湿。向土壤中加入水分可以使之变得更好压缩而且干燥之后更坚固。测试土壤湿度是否合适时，可以用手把一团土壤捏成球形——湿度合适的话这团土壤应该既能保持形状不变，又不会感觉太泥泞。如果挖出来的土壤太干，就需要喷水，如果可能的话，最好留置一夜以使之充分浸透。

3. 稳定剂

大多数的普通墙体不需要稳定剂，但建造强度要求极高的承重墙，靠近或者处在水面以下的墙体或拱、过梁的时候，就需要稳定剂，可以加入一些水泥作为稳定剂，成为水泥土。另外一种稳定剂是石膏。

4. 其他材料

袋装泥土建筑还需要带刺铁丝网，这是为了确保袋装泥土之间不发生位移。要求牢固性强的话，需用四点带刺铁丝网。若袋子比较窄，只需一排铁丝网；若比较宽，就需两排铁丝网。也可以用普通铁丝网把袋装泥土编织在一起，就像编花篮一样。大且粗的钉子对于紧密袋子间的联系、创造出新的造型和固定带刺铁丝网都很有帮助。

2.4.3 建造过程

1. 基础

与建造其他泥土建筑一样，基础做法最重要的一点是防水。基础周围的排水沟一般用碎石砌成；如果建筑所在地经常发生洪水，最好把排水沟挖到水平面和冻土层以下，建筑底部的几层袋装泥土还要另做防水处理，因为袋子有可能腐烂；如果地面坚硬的话，可以使用袋装沙砾把建筑垫高，预防地表水的侵蚀。

还可使用袋装泥土来建造其他形式的基础。袋装泥土技术含量低而效果出色，建造起来很容易又便宜。大多数情况下，基础要用沙砾垫高至少 30cm。最后一层袋装沙砾要便于与其他材料连接，可在袋装泥土还未完全固化的时候，用钢筋穿过它将之与上层墙捆在一起。底层袋装泥土顶部还可以浇筑一薄层混凝土（加入适量钢筋）作为地基梁，还有找平的效果。在袋子顶部和上层墙之间最好设置防水层。

2. 填充

袋子的填充方式有几种。常见的办法是利用一个撑架，或者一个人把袋口撑开，另一人往里铲土。袋子最好放在要放置的地方直接填土，避免装好后长距离移动；也可以先在袋子里灌一部分泥土，然后搬到要用的地方以后再装满。高墙上的袋子需填土的话，需用桶装满土运上去，再进行填充。

不同的人灌装的泥土袋的厚度各有不同，因为每个人用力的大小和方式不一样。因此，最好同一层的袋子由同一个或一组人来完成，尽量减少厚度上的差异。只要同一层的泥土袋厚度一致就可以了，不同层之间可以有厚度上的差异。

在向袋子里填充泥土的时候，底部的尖角要叠进内部，这样有助于保持墙体的统一和整体性，而且能够节约面层灰泥的使用量。先把袋子放在要填充的地方，每排的第一个袋子通常用钉子固定住，下一个袋子的开口端与前面一个袋子要缝合起来的那一段相连，这样比单独把每一个袋子的开口处缝合起来要容易得多。为了确保缝合稳固，很重要的一点就是袋子不能填太满。长条形布袋可以从两边同时填充泥土，然后把两端提起来，让泥土移到中部。另一个技巧是用一个 30 ～ 60cm 长的管子把布袋口撑开，然后随着泥土渐渐装满，这个管子最后就能取出来。

3. 铺设

铺设的时候布袋间的接缝永远要交错布置，不能出现大通缝。铺设第一层或者基础层的袋子时接缝越少越好，随着墙体越砌越高，接缝的多少就没那么重要了，而且短一点的袋子反而更容易布置。

在地震区，两层泥土袋之间要放一层带刺物（带刺铁丝网或者有刺植物）以增加摩擦力，防止布袋之间滑动。若袋子的宽度大于 35cm，就有必要设置两排铁丝网，铁丝网可以用钉子固定。另一种防止袋子滑动的办法是让袋子之间互相锁住，即在每个袋子上打出一个凹坑，让上面一层的泥土袋把下面一层袋子的凹坑填满。

夯实的步骤要到全部一层的泥土袋都铺好之后再进行，这样能尽量减少夯实不平的现象。持续不断地夯实，直到听到"清脆的"声音，夯实到泥土袋不再进一步紧密的时候，就可以停止了。一层袋子铺好之后，要测试一下墙体是否保持垂直，或者看看圆屋顶是否对称，不平的地方要做调整，可以用脚踹回原位。不过，木材不太欠缺的地方，夯实的时候可以在布袋的两边夹上木板，这样夯实之后泥土袋就会比较平整，将来抹面层的时候就会省很多事（图 170 ～图 173）。

4. 洞口

门窗洞口可以事先用粗糙的框架预留出来，如果使用拱结构的话，就不需要过梁了。实践证明"尖拱"形式比圆拱要坚固得多。在资源缺乏的地区，任何管状的物体，例如桶等，都可以作为小孔洞的临时模板；30cm 或者更小的洞口可以用一块木板或者金属板来充当过梁。

拱形洞口周围的泥土袋应该做得特别坚固。在建造拱时，很重要的一点就是把泥土袋放到适当位置，然后夯实成楔形，拱周围的泥土袋互相之间需紧密挤压。在砌了三层泥土袋之后，就要开始建造扶壁了。拱心石，即拱门顶部最中心的三块泥土袋要同时放置；还有一种办法就是把三块泥土袋的底部向下折，然后用钉子或者金属线缝合起来。在模板拆除之前，拱周围的墙体应该全部建好，而且拱之上至少还要再砌三层泥土袋，这样拱门才会坚固。在拱顶建筑中，洞口只能开在非结构性的墙上。小型的拱（例如门洞）可以用袋装泥土来砌筑，但是更大跨度的，袋装泥土拱还没有被发现实践过。

模板的尺寸要比门窗的真实尺寸的每边大至少 5cm，要把将来面层灰泥的空间预留出来；架模板的时候将之放在楔形木上，这样以后移开的时候不会带动泥土袋。

5. 袋装泥土顶

袋装泥土可以用来建造圆屋顶和拱顶。拱顶需用模板和脚手架，而对称的圆屋顶只需一个圆规就行了。当圆屋顶开始弯曲的时候，圆规的使用很关键。圆规的做法类似土坯建筑一节中土坯圆屋顶的做法。现在建造悬链线形的圆屋顶的特殊压紧法已开发出来，建造的要点是把泥土袋像过梁一样铺设，每个圆环都处在同一水平面上，这样圆环才不会滑动。

在建造圆屋顶袋装泥土建筑时还需特别注意两点：①如果没有或只有少量的扶壁的话，必须在圆屋顶的底部设置抗拉环。在地震区，圆屋顶至少要设置一道连续性而且有钢筋加固的抗拉环，如果抗拉环由混凝土浇制而成，混凝土中必须有几道环形钢筋。②穹顶顶部要是开窗的话，洞口周围也要设置抗压环，抗压环也必须是连续的，能抵抗向内的推力。

6. 面层

如果袋子是聚丙烯材料的，那么很重要的一件事就是铺设完泥土袋之后立刻给墙面涂上面层材料，越快越好。垒泥土袋的同时就可以快速地抹上面层。袋子的四角向里折，墙面就会比较平

图 171 灌装

图 170 夯实，来源：Flickr 用户 Thorin Nielson

图 172 尖拱施工，来源：Build Simple Inc.

图 173 穹顶施工，来源：Flickr 用户 Thorin Nielson

整，需要的灰泥就会少一些。因为袋子本身一般没有什么附着力，所以要先在袋子上涂一层面粉糊、胶水或粪肥和沙子的混合物。也可以在袋子之间铺上木棍来起到黏附灰泥的作用。

目前为止，大多袋装泥土的面层材料都是灰泥浆。如果用的是石灰沙或者水泥的话，就需要先垫上木板条。在每层泥土袋之间预埋细绳就可方便地把木板条固定在墙面上。圆屋顶的面层抹灰可以采用水泥或者石灰为主的材料，特别干燥的地区用灰泥就可以了。

2.4.4 建筑实例

1. 蜂窝式住宅

美国建筑师 Kaki Hunter 和 Doni Kiffmeyer 在犹他州实验建

造了一低造价的蜂窝式住宅（图174、图175）。他们使用的泥土袋是印刷错误的聚丙烯编织袋。生产编织袋的公司有时在印刷过程中会出现不理想的产品，比起扔掉这些次品，生产商会更乐意低价将它们卖出。他们所使用的填充材料是废弃沙子，这种沙子在任何的沙砾场都可以找到。废弃沙子是分离沙砾中的沙子和黏土微粒后的副产品，这些废弃材料常常拥有最佳的沙子黏土比率，而且是廉价的。他们的屋顶抹面做法是：先覆盖一层六角形网眼金属网，然后覆盖大约15cm厚的土，最后种上百慕大草，成为"充满活力的茅草屋顶"（图176）。

图174 二层阁楼的地板刚好可以作为继续修建挑头式圆屋顶的脚手架，来源：Gernot Minke

图175 拱形模板已经拆去，而圆泥块和石膏覆盖物还没完成

2. 巴哈马州朗姆岛的袋装泥土屋

建筑师Steve Kemble 和Carol Escott在巴哈马州朗姆岛建造的袋装泥土屋采用充满沙子和碎珊瑚的帆布聚苯乙烯袋建造而成。建造之前，他们曾请建筑师Kaki Hunter和Doni Kiffmeyer来讨论。

岛上最丰富和最容易收集到的自然建筑资源是沙子，岛上的一个码头正在挖沙，他们发现了大量混有碎珊瑚的沙子，碎珊瑚中的石灰就如同沙子天然的黏合剂，形成类似水泥的合成物。沙袋墙体的底部12cm使用废弃的装大米的麻布袋，形成一个50cm宽的墙体；顶部12cm的墙体使用连续的聚乙烯管，形成36cm宽的墙体。为加固和阻止相邻两层间滑动，他们在每两层沙袋间铺设两条4点带倒刺的金属线。他们使用废弃夹板做成拱门模板，手动搅拌浇筑连续加固混凝土结合梁。墙体建成后，墙体被一层六角形网眼金属网覆盖，用设在沙袋层之间的连接绳将金属网绑到墙体上，同时用金属网和聚乙烯将结合梁与沙袋墙体捆在一起，它们在粉刷前就用棘齿连紧（图177～图180）。

图176 抛掷圆泥块作为形式自由的填充泥土穹顶的第一层覆盖物

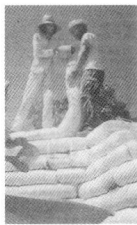

图177 利用敲击薄铁皮而成的斜铁管撑开聚苯乙烯袋

图178 岛上居民帮忙手工搅拌制作灰泥；缚在沙袋上的六角形网眼金属网有助于灰泥黏附

3. Cal-Earth实验性袋装泥土建筑

加利福尼亚Hesperia博物馆和自然中心是Cal-Earth首次通过加利福尼亚建筑规范获得建造许可的袋装泥土建筑（图181）。整个工程包含湖滨护栏、博物馆联合体、风斗和被动式太阳能体系。填充的泥土中加入了水泥，以增加建筑的强度。

另一个项目是一个三拱顶住宅（图182），该住宅的基础

图179 包含混凝土结合梁的完整袋装泥土结构

图180 粉刷后的拱形开口

图175～图180均出自《新乡土建筑——当代天然建造方法》（机械工业出版社，2005）

深入地下 90cm 左右，从地基内挖出来的所有泥土都用在建筑的墙上了。拱顶选用的材料是混合了水泥的土壤，建造时使用了模板和支架。外墙面采用独特的"棱纹球形砖"体系，即把一种用泥土捏制成的小球粘在外墙的外表面上，粘结剂为水泥浆。

建筑师 Nader Khalili 在巴西也完成了另一个袋装泥土建筑：墙是袋装泥土，屋顶为木结构（图 183）。建筑师 Joseph Kennedy 和 Nobi Nagasawa 合作，有一些技术创新，比如：使用钉子作为销栓，在铺好的沙袋上垫上一块金属板或木板，这样继续铺上一层沙袋的时候就不会被两层袋子之间的带刺铁丝网刮破等。

4. Gernot Minke 的实验性建筑

Gernot Minke 是德国卡塞尔大学的一名教师兼建筑师，他曾率领他的建筑研究实验室（BRL）自 1977 年开始对袋装泥土建筑进行研究。图 184 是 1977 年在卡塞尔建造的一袋装泥土穹顶建筑，穹顶也采取的是倒悬链形。

Gernot Minke 针对处于地震区的发展中国家的低造价住宅，研究出两个新的体系。

第一种是非承重的袋装泥土维护墙体系，1978 年 BRL 在危地马拉完成了一座 55m² 的低造价实验建筑（图 185、图 186）。所使用的袋子为直径 10cm 的棉布编织袋，在使用前需在石灰膏中浸泡以防止腐烂。袋子内所填物为主要成分是浮石的火山岩。袋子装满后堆放在间距 2.25m 的两排垂直柱间，墙体两面每隔 45cm 设垂直竹竿作为加固构件。墙完成后，需要涂抹两层石灰膏。由于墙体的柔软性，此建筑具有很好的抗震性。

第二种是两层粗麻布 + 细木柱体系（图 187）。两排细木柱被锤打进地下，粗麻布在内侧与之固定，然后往两层粗麻布构成的空隙内填充泥土。研究表明，此种墙体部件可以预制，以 10m 为单位，预制完成后可以折叠或打圈成小捆以便运输（图 188）。

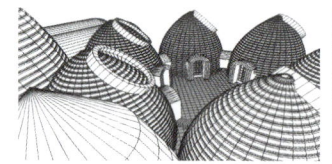

图 181 Hesperia 博物馆，建筑师 Nader Khalili，重绘

图 182 外墙采用"棱纹球形砖"装饰的泥土住宅，来源：Flickr 用户 Thorin Nielson

图 183 Nader Khalili 在巴西的一袋装泥土墙住宅

图 184 卡塞尔的一袋装泥土穹顶实验建筑，来源：Flickr 用户 Thorin Nielson

图 185 危地马拉低造价实验建筑墙体施工，来源：Gernot Minke

图 186 建成后的外观，来源：Gernot Minke

图 187 粗麻布 + 细木柱体系建筑，来源：Flickr 用户 velacreations

图 188 墙体部件便于运输，来源：Gernot Minke

5. 袋装泥土建筑的推广

目前，袋装泥土建筑除了在一些发达国家比如美国、德国、加拿大、比利时等有所研究发展，更重要的是也在许多发展中国家得到了很好的发展，比如南非、墨西哥、智利、危地马拉、巴哈马、蒙古、巴基斯坦、印度、伊朗、泰国等（图 189～图 198）。

2.4.5 袋装泥土建造的拓展——轮胎夯实泥土建造

据估计，全美国现在大约有 20 亿个废弃的汽车轮胎，极大地影响了地面景观；而且根据废弃轮胎管理委员会的数字，全美每年生产超过 2 亿 5000 万的废旧轮胎，其中只有一半被贮存或者当作垃圾填埋。废旧轮胎在美国是一种很容易获取的材料，而且很低廉。

建筑师 Michael Reynolds 就利用轮胎做"袋子"，建造了一个轮胎夯实泥土建筑（图 199）。废弃轮胎在用作轮胎泥土建筑材料时可以直接利用，不需额外的加工。轮胎泥土墙的建造方式跟黏土砖墙类似，就是层层砌筑，每层轮胎之间错开布置，每个轮胎内部都填满了事先压得紧紧的泥土。轮胎内部填满泥土后很重，因此大量轮胎垒在一起的时候就像一个搁在地上的重锤一样，很难发生位移。建造 U 形轮胎泥土墙的时候，要在墙体中加入两块长条形金属垫板和 90cm 长的钢筋柱，起锚固墙体的作用。这个金属垫板是屋顶和墙体的连接处。轮胎之间的缝隙用一些废旧的小纸板或废弃的罐头、瓶子填充，轮胎墙的表面用泥浆或者混凝土抹匀，最后得到平坦的墙面，再在上面进行粉刷。

这种墙体表面涂了泥浆或者混凝土的轮胎泥土墙非常不容易燃烧，因为墙体内泥土很紧实，而且缺乏支持燃烧的氧气。1996 年夏天，新墨西哥州发生一场火灾，吞噬了很多传统形式的住宅。而火灾区的一座轮胎泥土建筑在大火中失去了屋顶、前面的玻璃立面以及所有的木制品，但是轮胎泥土墙和墙间的铝罐还有混凝土墙都没出现问题。

图 189 巴基斯坦灾后住宅

图 191 伊朗的 15 个临时住所，来源：Flickr 用户 Jan Tik

图 190 危地马拉—袋装泥土建筑，来源：DVIDSHUB

图 192 印度—农田草药中心原型，来源：Flickr 用户 Jan Tik

图 193 泰国—圆形建筑，来源：Yizuz420

图 194 墨西哥—袋装泥土穹顶建筑，来源：Flickr 用户 Jan Tik

图 195 美国—住宅的室外生活空间，来源：Flickr 用户 Thorin Nielson

图 196 加拿大—建筑施工中的洞口，来源：Flickr 用户 Bomun Bock-Chung

图 197 墨西哥—建筑施工中的一细部，来源：Flickr 用户 Thorin Nielson

图 198 墨西哥—建筑施工过程，来源：Flickr 用户 DHORA S.R.L. IMPRESA SOCIALE

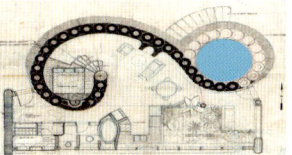

图 199 一轮胎夯实泥土建筑的平面

2.5 低技低造价建造方式的蜕变可能

2.5.1 低技低造价土坯砖建筑的蜕变

1. Hassan Fathy 的蜕变

埃及建筑师 Hassan Fathy 倡导为穷人盖房子，使用努比亚人的土坯建造技术为许多穷人盖了大量的低造价房子并成书 Achitecture for the poor。然而，他对建筑的追求远不限于此。1930～1946 年，Hassan Fathy 留开罗大学任教，被开罗中世纪的宫殿和清真寺的逻辑性和优雅的美学所吸引。于是，他便思考二者的糅合：土坯的宫殿。我们从他塑造的光环境（图 200～图 202）和建筑与自然的优雅关系（图 203～图 205）中便可知一二。

建筑师 Hassan Fathy 将低技低造价的土坯建造方式与文化结合，创造出了更高的建筑品质，从纯粹的低技低造价的建造中蜕变了出来。

2. Laz Luz 别墅区

美国建筑师 Antonie Predock 于 1975 年在美国新墨西哥州使用土坯砖建造了 Laz Luz 别墅区（所有墙体为土坯砖墙，外墙面涂抹防水材料，屋顶为混凝土板），其中还包括了 100 栋豪华别墅（图 206、图 207）。此住宅区被看作美国文化的一个里程碑，收录进 National Register of Historic Places。这不但标志着土坯建筑从个别的案例开始走向城市化批量建设，还标志着土坯建筑已经从低技低造价的贫民建造原则蜕变为时代的新宠。

3. 关于土坯地板的拓展思考

上文已述，很多土坯地板修筑失败、出现大范围的裂纹，是因为施工者在铺设泥土地面的时候试图模仿混凝土的浇筑程序，即将大量湿润的黏土和沙子混合物直接倾倒在地面上，然后平整成 10cm 左右厚的地面层，最后压光磨平。这样的厚度和湿度，

图 200 光环境（一） ｜ 图 201 光环境（二），来源：Viktor Lazić ｜ 图 202 光环境（三），来源：Viktor Lazić

图 203 小院（一）

图 205 小院（三），来源：Marc Ryckaert ｜ 图 204 小院（二）

图 206 Laz Luz 别墅区 100 栋豪华别墅鸟瞰，Antoine Predock Architect PC ｜ 图 207 Laz Luz 别墅区一豪华别墅，Antoine Predock Architect PC

而且过量的黏土一次性铺设，极容易导致裂纹的出现。不过，可将裂缝用石膏或其他材料填充起来，从而创造出中国人津津乐道的"冰裂纹"效果（图 208）。但是需仔细勾缝，需要做认真的表面处理（即"土坯地板建造"类型一的第五步）以确保地板的坚固。

2.5.2 低技低造价夯土建造的蜕变

1. 夯土表现

随着环保、材料表现等建筑思潮的影响越来越大，现代建筑师也开始重新关注传统的夯土技术，夯土建筑也开始从纯粹的低技低造价的建造原则中蜕变出来。于是，曾经一度被认为是简陋的建造方式也就登上了大雅之堂，向世人展示着自己独特的魅力。

（1）**二分宅**　张永和先生设计的二分宅使用了两片夯土墙，夯土墙在现代工艺（钢模板等）的催生下，粗糙中带着细腻，细腻中又不显矫情，与钢、玻璃等现代材料和建造方式真正地同堂对话（图209）。

图208 "冰裂纹"效果，来源：LeoNunes　　图209 俯视视角的二分宅，非常建筑

张老师为夯土这种传统的低技低造价建造方式的蜕变做出了不可忽视的探索。不过，夯土外墙面不设披檐，直接暴露出来（图210），恐怕存在一定的防水隐患，长此以往，墙体可能会出现剥落，在建造时向黏土中加入了抗水性材料也不行。另外，夯土墙虽坐落在混凝土的基础上，但有些地方由于垫土过高而使夯土墙过于接近地面（图211），恐怕也存在一定的防水隐患。此时，夯土墙在蜕变中遇到了困难，可是，也许这个困难正是其继续蜕变的一个前提和出发点。

图210 二分宅的夯土墙，非常建筑　　图211 二分宅夯土墙与地坪，非常建筑

夯土墙的蜕变至少有四种可能的方向：其一，夯土墙在大挑檐的庇护下运用，从而使大挑檐成为建筑的一个确定的造型元素；其二，夯土墙在室内应用，避开表现材料的后顾之忧——防水，同时还能平衡室内的湿度；其三，通过向夯土墙中加入适当的防水剂从而使其具备足够的抗水性，进而能使夯土墙不需大挑檐的庇护，不需隐身于室内，而可直接暴露于室外；其四，高台夯土建筑的盛行。

（2）**地球引力基金会中心**　美国建筑师 H. Predock、J. Frane、Santa Monica 于 2003 年在美国新墨西哥州的地球引力基金会中心中采用了两片厚厚的夯土外墙，其表面的质感与周围的环境彼此相吸。另外，此墙作为蓄热墙，白天阻挡热量进入室内，晚上释放热量，保持室内温度不会过低。建筑师采用了大挑檐，既能避免雨水打湿墙体，又遮去了大量的太阳直射光，同时也成就了整个建筑的优雅之态（图212）。室内，建筑师没有做粉饰

图212 地球引力基金会中心的夯土墙与大挑檐，来源：Jan B. Woote　　图213 地球引力基金会中心的室内的夯土墙面，来源：Peter Burr

处理（图213），使夯土墙面直接暴露在外，与木屋架、木地板融为一体。

（3）**和解小礼拜堂**　德国建筑师 Reitermann、Sassenroth 于 2000 年在柏林建造的和解小礼拜堂室内使用了一环形夯土墙（图214），此墙在宽大廊子的庇护下没有水患的困扰，再加与现代的施工工艺结合（钢模板等），墙体表面平整光滑

（图215），使一度简陋的夯土墙蜕变为具有现代工业气息的夯土墙，使建筑充满了张力（图216）。

（4）青年活动中心 德国建筑师 Hermann Scheidt、Frank Kasprusch 于 2005 年在柏林建造的青年活动中心的室内采用了一片长 32.5m 的夯土墙，夯土墙粗糙的表面质感与光滑的屋顶、地面及对面的墙面形成强烈的对比（图217）。另外，建筑师还利用夯土墙很好地平衡了室内的热量和湿度。

综观现代对夯土墙的应用发现：低技低造价的夯土建造方式由"正餐主食"蜕变为"副餐"，或只是一道爽口的"精品菜"。也许这只是阶段性的发展（夯土建筑的发展速度比较慢），随着建筑师不断的探索，夯土墙也许能再度成为"主食"。

2. 提高建设速度

使用传统的夯实工具建造夯实墙体需要的时间比较长，所耗的体力比较大，致使夯土建筑在现代社会中不能广泛应用。由此，人们开始研究使用电动的夯实工具来减少体力消耗，加快建设速度，从而使夯土建筑的成本降低，满足市场快速建设的需要。于是，夯土建筑便从低技低造价的建造方式中蜕变出来。

20 世纪 20 年代，德国、法国和澳大利亚开始使用一种电动的气压夯实工具（图218），它有 1 个锤头宽 33mm 的重锤，每分钟敲击 540 下；这种工具比较实用，唯一的缺点是拿着不太方便，因为太重了，24kg。20 世纪 50 年代，澳大利亚又引进了另一种工具（图219），每分钟 160 下，重 11kg，这种工具是用来修筑公路的——用于沙子泥土，不太适合夯实泥土建筑使用，因为重锤太小，而且频率也过高。图 220 是 Atlascopco 生产的气压夯实工具，重锤可以旋转，效率很高，但是成本和耗电量比较高。鉴于此，BRL 研制了一种夯实工具（图221），可以在模板间移动夯实，劳动量不足传统方式的一半，速度提高了 2 倍还多。

为了进一步提高夯实泥土建筑的建造速度、降低劳动量，进而降低建筑成本，美国建筑师 Aavid Easton 从 1989 年开始研究 PISE（空气压缩稳定泥土）技术，劳动量不足传统方式的 1/10，速度大大提高。用 PISE 的过程中，高压空气被用来传送和压缩土

图 214 和解小礼拜堂的夯土墙，来源：Tony Webster

图 215 和解小礼拜堂的夯土墙细部，来源：Immanuel Giel

图 216 和解小礼拜堂的入口，来源：Gzen92

图 217 青年活动中心的夯土墙表面，Scheidt Kasprusch Architekten

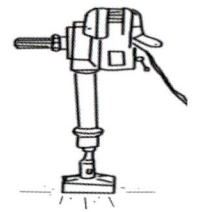

图 218 电动夯实工具（一），重绘　　图 219 电动夯实工具（二），重绘

壤混合物（跟传统夯实泥土用的一样），模板是单面的；真正提高速度的原因在于模板系统简化了，还有运送和压缩土壤的程序由空气压缩机完成。基本的设备包括一个前载式的卡车、一个搅拌机、一个压力喷"枪"、一个高容积的空气压缩机（图222）。PISE 的建造步骤与使用混凝土喷枪差不多（图223），就是常常被用来建造游泳池内壁和地下隧道的那种机器。如果泥土成分好而且工人技术纯熟的话，PISE 墙可以不加任何抹面处理就比较光滑了（图224）。1992 年，Aavid Easton 使用 PISE 为太平洋瓦斯和电气公司建造了一个样品间作为该公司"明智消费能源展示之家"（图225）。此项目的成功，为 Aavid Easton 带来了更多项目，

为此技术的推广提供了宝贵的机会。

2.5.3 关于土坯垛墙的拓展思考

土坯垛墙的强度仅次于土坯整体浇筑墙，高于夯土墙和土坯砖墙；在不做抹面处理时，防水性要明显高于夯土墙和土坯砖墙；而且由于不需模板，造价能得到进一步的降低，建造速度得到一定的提高。更重要的是，由于不需模板和可塑性，建筑形式更加灵活：易直易曲、易凹易凸……在顶侧光的配合下，利用凹凸之势可创造出"水波墙"（图226、图227）。

2.6 本章小结

本章通过详细考察黏土的判断方法，土坯的制作、土坯墙的多种建造方法，土坯屋顶的建造方法，夯土墙、夯土屋顶的建造方法，泥土建筑的防水和抗震的措施，袋装泥土的建造方法以及轮胎泥土的建造等，进而在文本上搭建了低技低造价的泥土建筑模型。

在此基础上，阐述了低技、低造价泥土建造蜕变的几种可能性（或方向）：低技低造价泥土建造方式与文化的融合；低技低造价泥土建造方式与现代工艺的结合；低技低造价泥土建造方式与环保、材料表现等建筑思潮的衔接。

一般来说，砌体材料○各地都可生产，比钢筋混凝土、钢等材料要便宜，作为较小的标准化构件可砌成多种形式的墙体以及屋顶，对施工场地、施工技术与施工设备要求比较低，在经济、工业不发达的国家或地区，单位建筑的造价比钢筋混凝土、钢结构的建筑也要便宜得多，因此在无特别要求时，砌体材料是低造价建筑设计的重要材料。后文将就砌体材料分三部分论述：低造价墙体设计；低造价的砌体"过梁"设计；低造价的楼板和屋盖设计。

○ 砌体材料种类众多，本章主要以常见的砖和混凝土或粉煤灰砌块等为研究对象。——作者注

图220 电动夯实工具（三），重绘 　　图221 电动夯实工具（四），重绘 　　图222 PISE设备

图223 PISE使用空气高压机和直径2in的管道来输送泥土材料，而不用卡车、水桶、铁铲和回填夯土

图224 在PISE被喷到单面模板上之后，表面多余的材料可以被刮下来，确保墙体的垂直和平整

图225 1992年使用PISE技术建造的太平洋瓦斯和电气公司的样品间厨房外立面

图223～图225均出自《新乡土建筑——当代天然建造方法》（机械工业出版社，2005）

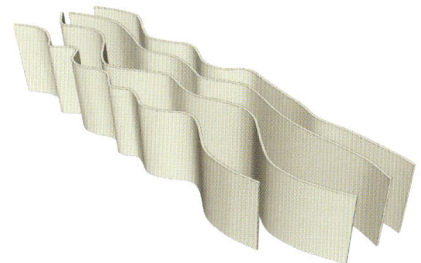

图226 曲线土坯垛墙，自绘

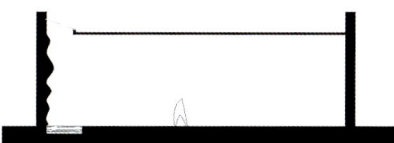

图227 "水波墙"剖面示意，自绘

第 3 章 砖材建造

3.1 低造价墙体设计

3.1.1 墙体结构方面（砌体建筑层数因素对低造价墙体设计的影响）

现代常说的砌体结构房屋主要可分为两类，第一类是由烧结普通砖、烧结多孔砖、蒸压灰砂砖、蒸压粉煤灰砖、混凝土（包括轻骨料混凝土）小型空心砌块等砌筑而成的砌体作为承重构件的普通多层房屋，这类房屋因其屋盖和楼板大多采用钢筋混凝土结构，所以又被称为砖混结构房屋；第二类被称为配筋砌体结构房屋。

1. 砖混结构[⊖]

砖混结构由于其基本材料和连接方式决定了其脆性性质，抗震性就有一定的局限性。于是，砖混结构一般限于多层建筑，其经济性在这个范围内有效。

砖混结构、烈度、层数、造价的关系如下。

根据抗震理论，地震时建筑物所受到的水平地震力为：

$$F_{EK}=\alpha_1 G_{eq}$$

式中，G_{eq}——结构等效总重力荷载；

α_1——水平地震影响系数

一般多层砌体房屋可取最大值 α_{max}，其值见附表 3-1。

由附表 3-1 可知，烈度增加 1 度，建筑所受到的水平地震作用成倍增长。据统计，设防烈度每提高 1 度，混凝土构件配筋率就要提高 30% 以上，基建投资提高 40% 左右。

根据《建筑抗震设计标准》(GB/T 50011—2010) 规定，地震区多层砌体房屋受高度、层数及高宽比三个方面控制，具体见附表 3-2。

[⊖] 此部分的数据参考基本上以国内实践为主，这些数据有一定时代性、地域性的局限，但仍可反映一定的规律。下面就我国高烈度地区（我国绝大多数大中城市在 6 度或 6 度以上地震设防区）结合层数与造价的关系来审视砖混结构。以下论述参考了：韦敏才，阮永芬. 高烈度地震区住宅工程设计与施工.《昆明理工大学学报》. 2000（1）：57-59。

工程分析对比表明，高烈度区多层房屋若满足附表 3-2 规定，可按一般砌体房屋建造，造价最低。如果要突破附表 3-2 规定，则必须采用其他结构形式或特殊的加强措施才能满足抗震设防要求，单位面积投资可能增加 50% 以上。于是，正确选取建筑层数对用砌体进行低造价建筑设计尤为重要。

例如：《中国地震烈度区划图》(1990) 正式颁布以后，昆明市的抗震设防烈度由 7 度提高到了 8 度，房屋建筑（砖混结构）层数降低了，这时造价、层数、结构形式之间的关系就要特别考虑。拿昆明地区两单元三类住宅（70m²/套）为例，按 1998 年最低造价（不含征地费）估算如附表 3-3。

附表 3-3 说明，增加一层只多解决了 4 户职工住宅，增加套数只占 16.67%，而投资却增加了 657200 元，即造价提高了 65.15%。造价提高的百分数是套数增加百分数的 3.9 倍，这是非常划不来的。理论上若按 6 层考虑，用盖 7 层多出的花费投资则可多建近 16 套住宅，实际若用同样的投资建 6 层比建 7 层多建 12 套住房。因此，就当时当地而言，实际设计应为 4 单元 6 层砖混，加多占地的征地费也比建 7 层划得来。

所以在地皮不太紧张的情况下，新建房屋按附表 3-2 的规定层数建造，将是最经济最合算的。可是，在地皮较紧张的地区又如何是好呢？请看下文。

2. 配筋砌体结构⊖

砌体结构的经济性主要体现在材料便宜易得，施工简单，既可作承重结构，又能作分隔之用等。但是，砌体结构强度较低，自重大，延性差，对抗震不利。《建筑抗震设计标准》规定，对于无筋混凝土小型空心砌块砌体结构的房屋，6 度设防区就只能限制在 7 层以下，限高 21m，7 度设防区限制在 6 层以下，限高 18m。尽管一些研究者实践时，由于住宅建筑承重墙体密度大，根据抗震要求，按《砌体结构设计规范》中的

$$V \leqslant f_{vE} A / \gamma_{RE}$$

式中，V——考虑地震作用组合的墙体剪力设计值；
f_{vE}——砖砌体沿阶梯形截面破坏的抗震抗剪强度设计值；
A——墙体横截面面积；
γ_{RE}——承载力抗震调整系数。

计算，在 6 度设防区，建到了 9 层，在 7 度设防区建到了 7 层。但其应用范围依然被紧紧制约着，而由于土地紧张、为了提高土地的利用率，高层越来越多。

问题 1：砌体结构如何既能满足抗震又不失经济性？

问题 2：能否将砌体结构的应用范围扩展到高层，使砌体结构的经济性得以更大的发挥？

目前主要是对配筋砌体结构进行研究。配筋砌体结构分约束配筋砌体结构和均匀配筋砌体结构两种。

（1）约束配筋砌体结构　仅在砌块墙体的局部配置构造钢筋，如在墙体的转角、丁字接头、十字接头和墙体较大洞口边缘设置竖向钢筋，并在这些部位设置一定的拉接网片。构造钢筋顾名思义，仅为构造需要，无明确的配筋率要求，但规范规定这些部分的竖向钢筋宜为 $\phi 12$。构造钢筋的主要作用是作为芯柱将建筑物的砌块墙体变为约束砌体构件，达到在水平地震作用下有足够的延性和变形能力，在大震作用下裂而不倒。约束砌体仅用于多层砌块结构，我国建筑抗震设计规范和混凝土小型空心砌块建筑技术规程规定，一般情况下，在 6、7、8 度分别允许层数为 7、6、5 层，当采取加强构造措施后，可在原允许层数增加一层，即允许层数为 8、7、6 层。这样相对普通砖混结构来说就大大降低了建筑的单位造价。

而在层数相同，面积相等时，与其他结构形式（主要是钢筋混凝土框架结构）相比造价也相对较低。具体案例分析比较：承重混凝土小型空心砌块的"砖混"建筑与框轻结构的经济性比较。结合 2002 年廊坊市某框轻住宅楼与同建筑面积承重混凝土空心砌块"砖混"结构体系的住宅工程造价，做出经济对比分析。⊖

⊖ 此部分的数据参考基本上以国内实践为主，这些数据有一定时代性、地域性的局限，但仍可反映一定的规律。

⊖ 数据参考廊坊中油建材总公司砌块场.梁爽 丛恩岐.混凝土小型空心砌块砖混结构与框轻经济对比分析.建筑砌块与砌块建筑.2005（2）。测算根据 2001 年《河北建筑工程预算定额》《河北省建筑工程费用定额》，根据 2002 年市场材料价格和该住宅实际结算工程量进行。

框轻结构工程分析。工程概况和主要实物量见附表 3-4、附表 3-5。按照《建筑工程预算定额》和实际工程量计算出工程造价为 981634.82 元。其中，人工费：154615.75 元；材料费：793338.36 元；机械费：33680.71 元；单平方造价为：180.98 元 /m²。

混凝土承重空心砌块结构工程造价分析。工程概况和主要实物量见附表 3-4、附表 3-6。由此计算出工程造价为 625518.12 元。其中，人工费：78528.95 元；材料费：528560.78 元；机械费：18428.39 元；单平方造价为：115.32 元 /m²。

从上述对比分析可以看出，建造相同规格、相同功能、相同面积的住宅楼，在其他内饰、保温措施相同的情况下，由框轻结构变为承重空心砌块结构，就墙体而言，单平方米造价由 180.98 元 /m² 下降到 115.32 元 /m²，下降了 36%，由此计算出用民用多层建筑工程达到初装条件的建安总价，承重空心砌块结构总体造价比框轻结构降低 15.6%。

施工工期对比。承重空心砌块主要采用钢筋混凝土芯柱浇筑施工工艺，大大缩短了现浇混凝土框架的养护时间。由于承重空心砌块的几何尺寸都是 100mm 的模数，熟练大工平均每天可砌筑 515 块，折合黏土砖为 4377 块，提高了施工效率，缩短了工期，有效降低了造价。据廊坊开发区翠林洲工程的施工经验，平均每三天可起一层楼。

使用面积对比。框轻结构外墙厚度为 25cm，承重空心砌块结构外墙厚 19cm，在建筑面积不变的情况下，使用承重空心砌块，外墙每 16.67m 就可增加 1m² 的使用面积。同比之下，每 100m² 建筑面积的民用住宅楼可增加使用面积 3～5m²。这样也相对降低了单位面积的造价。

(2) 均匀配筋砌体结构 对于此类配筋砌体结构，一般由于荷载大和抗震要求，其墙体材料要比普通多层砌块结构需要的等级更高，即高强材料：MU10～MU20 或更高，190～290mm 厚的混凝土砌块，M10～M25 砂浆，C20～C35 注芯混凝土，宜按等强的原则，选取砌体的组成材料。故均匀配筋砌体结构通常指均匀配筋混凝土砌块砌体结构。这种砌体结构和钢筋混凝土剪力墙类似，对水平和竖向配筋有最小含钢率要求，而且在受力模

式上也类同于混凝土剪力墙结构，它利用配筋剪力墙承受结构的竖向和水平作用力，是结构的承重和抗侧力构件。配筋砌体的注芯率一般大于 50%。由于砌体的强度高、延性好，和钢筋混凝土剪力墙性能十分类似，因此可用于大开间和高层建筑结构。

美国抗震规范规定，均匀配筋砌体的适用范围同钢筋混凝土结构[一]。我国自 20 世纪 80 年代初期主持编制《配筋砌体设计规范》起，至今对其进行了较为系统的试验研究[二]，研究表明用配筋砌体可建造一定高度的既经济又安全的建筑结构。如 1982 年建成的广西区科委 10 层砌块住宅试验楼、1986 年建成的广西区建二公司 11 层小砌块试验楼 (7 度设防)[三]，为我国砌块中高层建筑的发展作了开创性的工作。20 世纪 90 年代初期，在总结国内外配筋混凝土砌块试验研究经验的基础上，我国在配筋砌块结构的配套材料、配套应用技术的研究上获得了突破，在此基础上开展了更具代表性和针对性的试点工程，如 1997 年建成的辽宁省盘锦市国税局 15 层砌块住宅[四]，1998 年建成的上海 18 层混凝土空心砖块配筋砌体住宅试点工程[五]。试点工程实践表明，中高层配筋砌体建筑具有明显的社会经济效益：盘锦市国税局 15 层砌块建筑墙体用钢量 9.50kg/m²，相当混凝土剪力墙用钢量的 53%，墙体用钢量节省 100t，折合每平方米建筑面积 14.28kg，土建造价降低 18%，节约 110 万元，施工周期快，平均每层 5 天，砌筑比黏土砖快 1 倍，取得了较好的技术经济效果。上海 18 层混凝土空心砖块配筋砌体住宅较钢筋混凝土结构节约钢材 25%，土建造价降低 7.4%。后来又筹建的配筋砌块高层有首钢 18 层配筋砌块住宅工程 (8 度设防)，辽宁抚顺 6 栋 16 层砌块住宅、哈尔滨 2 栋 18

[一] 苑振芳. 国际标准《配筋砌体结构设计与施工规范》简介. 工程建设标准化.1995.(5).
[二] 广西建科所. 抗震设防 (7 度) 配筋小砌块高层建筑研究——成果鉴定资料.1987.12.
   肖小松. 砼小砌块砌体的性质. 同济大学博士后工作报告.1998.5。
   谢小军. 砼小砌块砌体力学性能及其配筋砌体抗震性能的研究. 湖南大学硕士论文.1998。
[三] 广西建科所. 抗震设防 (7 度) 配筋小砌块高层建筑研究——成果鉴定资料.1987.12.
[四] 苑振芳.15 层配筋砌块住宅试点工程简介. 施工技术.1998.(7).
[五] 苑振芳. 砼砌块建筑发展现状及展望. 工程建设标准化.1998.(6).

层砌块住宅等。

更具体的比较分析：配筋砌体剪力墙结构与短肢钢筋混凝土剪力墙结构的经济性比较㊀。以浙江工业大学建筑设计研究院设计的杭州某 11 层高层住宅为例。假定配筋砌体剪力墙结构（图 1）的配筋砌体采用蒸压粉煤灰砖墙体，短肢钢筋混凝土剪力墙结构（图 2）的填充墙采用加气混凝土砌块，取其中一个标准层做工程概算书（附表 3-7、附表 3-8）。

结果显示，结构部分一个标准层的直接工程量造价，蒸压粉煤灰砖配筋砌体剪力墙结构的为 96867 元，而短肢钢筋混凝土剪力墙结构的为 123382 元。采用蒸压粉煤灰砖配筋砌体剪力墙结构可节省结构造价 22% 左右。可见，配筋砌体剪力墙结构在高层建筑中的经济效益相当明显。

我国的试点工程和国外资料综合分析表明，一般地，配筋砌体结构比同样规模混凝土结构，可降低工程造价 10%～20%，三材用量（钢材、水泥、木材）减少 30%～50%，施工周期缩短 1/4 以上；另外配筋砌体还具有明显的环境效益。

1）为什么配筋砌体结构有如此显著的经济效益呢？

与总建筑面积相同的多层建筑相比：

由于层数得以加倍提高，基础造价、土地费用、管线等费用将大大降低，因此单位建筑的造价将大大降低。

与相同层数相同面积的钢筋混凝土建筑相比：

首先，配筋砌体实际上是预制装配整体式剪力墙混凝土结构，空心混凝土砌块用砂浆砌筑，按要求设置水平和竖向钢筋，用注芯混凝土将其黏结成整体，墙体的施工不需模板和大型吊装机具，施工程序少、施工环境好（噪音小等），也节省了部分安民费。

其次，采用砌体剪力墙配筋，按照《砌体结构设计规范》（GB 50003—2011）中的公式：

$$V \leqslant \frac{1}{\gamma_{RE}}(f_{vE}A + \zeta_s f_{yh} A_{sh})$$

式中，ζ_s——钢筋参与工作系数，可按表 10.2.2 采用；

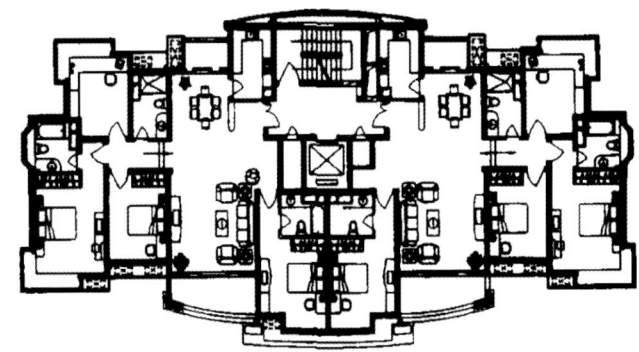

图 1 配筋砌体剪力墙结构平面，重绘

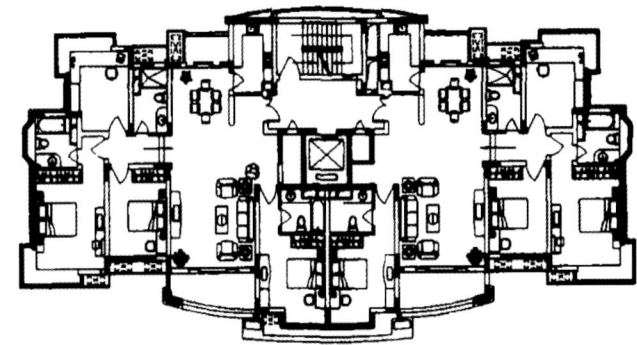

图 2 短肢钢筋混凝土剪力墙结构平面，重绘

f_{yh}——墙体水平纵向钢筋的抗拉强度设计值；

A_{sh}——层间墙体竖向截面的总水平纵向钢筋面积，其配筋率不应小于 0.07% 且不大于 0.17%。

计算增加 0.1% 的配筋率可提高抗剪能力 30% 左右。因此，配筋砌体结构的构造含钢率较钢筋混凝土低得多，约为钢筋混凝土剪力墙的 50%，而且一般剪力墙结构多为构造配筋。仅这一项就可节省近 50% 的钢筋用量。另外，因为钢筋混凝土剪力墙的最小含钢率，除延性要求外，主要考虑在塑性状态浇注，为限制在水化过程中产生显著收缩的需要；而当砌体施工时，作为主要部分的砌体，尺寸稳定，仅在砌体中加入了塑性的砂浆和注芯混凝土，

㊀ 参考浙江工业大学建筑设计研究院. 吕猛，李强，汪海霞. 配筋砌块砌体剪力墙结构在高层住宅中的应用研究. 住宅科技. 2005（3）.

因此砌体墙可收缩的材料要比混凝土墙少得多，含钢率也会因此小一些。

第三，配筋砌体中本身就存在着许多竖向灰缝，节省了像在钢筋混凝土剪力墙中专门设置数条竖向缝来增加结构的变形和耗能能力的费用。

2）均匀配筋砌体剪力墙构造的做法：

做法 1，灌孔混凝土（图 3，图 4），指由混凝土小空心砌块砌筑、在其孔洞内按一定要求配置竖向钢筋和水平钢筋，然后灌入高流动性、低收缩混凝土而形成整体受力构件。

做法 2，如图 5 所示。

做法 3，随着实践的深入，发现：如果按规范采用灌孔混凝土（图 3，图 4），砌筑比较麻烦，灌孔配筋和搅捣比较困难，因此很少应用；而如果按照图 5 进行配筋砌体施工，砂浆抹灰厚度至少会达到 32mm，粉刷层过后不但增加砌体结构的造价，而且容易空鼓、起壳。于是，出现了新的既经济又方便的砌筑方法。下面是其中比较好的一种（图 6～图 8）。

图 3 配筋砌体墙体的现场施工　　图 4 凿去表面砌块壁后的混凝土芯柱

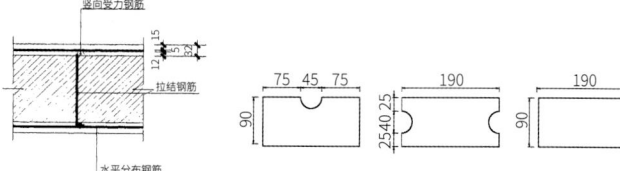

图 5 配筋砌体构造，重绘　　图 6 灰砂砖或粉煤灰砖型，重绘

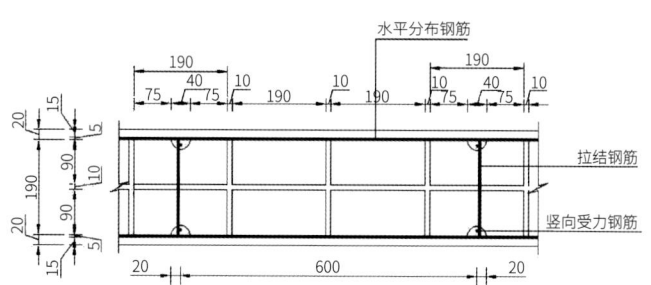

图 7 配筋灰砂砖或粉煤灰砖构造，重绘

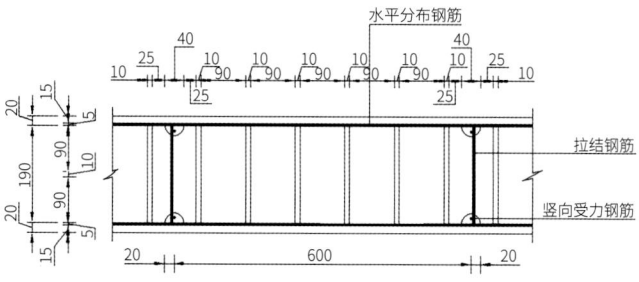

图 8 配筋灰砂砖或粉煤灰砖构造，重绘

3.1.2 墙体构造与形式方面

1. 空心墙

在允许的情况下（结构、热工等），尽量减少砖的使用量，可降低建筑造价，通常的做法就是空心墙，也叫空斗墙。

我国的传统做法有几种。首先见于洛阳烧沟汉墓封门砖墙（图 9，图 10）、甘肃嘉峪关汉画像砖墓。明清民间建筑发展多种多样：北方称空斗墙为"丁抱斗"，但因气候寒冷，不常用在主体建筑，有时会出现在围墙上；江南一带有"单丁""双丁""实扁镶恩"（大镶恩）"空斗镶恩"（小镶恩）"大合欢""小合欢"等（图 11），其中"小镶恩"与"小合欢"墙厚仅半砖长，只能用作隔墙或简易房屋用；四川地区的空斗墙基本为一砖长的厚度，它的做法有"盒盒斗""马槽斗""高矮斗"等，一般均在斗里填装泥土、碎石、碎砖等；西南地区的空斗墙一般只在下部填泥，上部仍做空斗。

印度英裔建筑师 Laurie Baker 也运用此法降低建筑造价，同时解决印度的阳光照射问题，使室内的温度得以降低。C·亚历山大使用他专门设计自行制作的空心混凝土块来建造低造价社区建筑的墙体和柱子，为了增大强度和抗震能力，他在空心砌块内穿入钢筋（图 12）。图 13、图 14 是他在墨西哥的一低造价社区的做法，他本来打算用竹子代替钢筋来节省造价，可墨西哥当地不产竹子，于是改用棕榈枝条，可是实验结果显示，棕榈枝条见水膨胀致使墙体有开裂现象，于是最后还是使用了钢筋。

Laurie Baker 的另一种墙面处理方法（图 15）虽说不是从空心墙的角度出发来降低造价的，但有些类似图 11 中"实扁镶思"的效果。由于印度的手工砖的大小不完全一样，砌墙的时候两边会不平，人们通常的做法是两边都再加一层抹灰找平，这样是比较花钱的，因为石膏比较贵。Laurie Baker 的做法是保持墙的一面平整，只在墙的另一面的凹陷处填入灰浆并抹平，这样不仅节省造价，还能得到平整、表面纹理丰富的墙面效果。

2. 露空墙

露空墙，俗称花墙，在满足强度等需要后，通过减少砖的使用量来降低造价。中国传统的民居中有多种多样的砖砌花墙，既节省了造价，又在形式上得以变化，由于比较常见，就不详述。

印度建筑师 Laurie Baker 运用露空墙（图 16、图 17），既节省了造价，又很好地处理了建筑与当地气候的关系。通常窗户很贵，1m² 窗的花费是同样大小的砖或石头墙的 10 倍左右。Baker 在墙上开了大量的砖砌小洞口，这种砖格子不但代替了窗，节省了用砖量，大大降低了建筑造价，而且简单有效地解决了炎热、潮湿的气候问题：减弱了太阳的直射强光，同时风可以自由地穿过建筑，通过塑造光和影的关系，创造出一种安静的环境。

3. 混合墙

砖和石的价格不一，青砖和红砖的价格不一；有时建筑者手里有两种或多种材料，单用一种材料不足以完成全部工程，那么经常采用的一种方法就是混合使用。

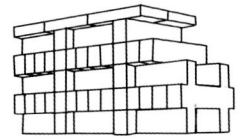
图 9 洛阳烧沟汉墓 47 封门砖墙示意，重绘

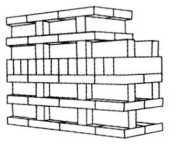
图 10 洛阳烧沟汉墓 66 封门砖墙示意，重绘

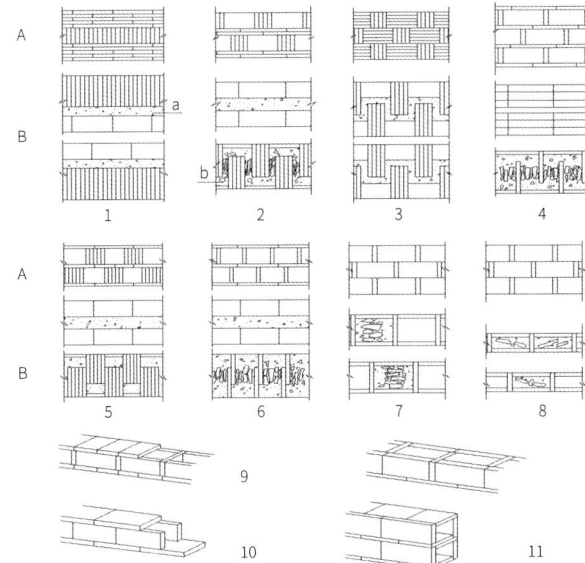
图 11 多种空斗墙与空斗填充墙砌法，重绘
1. 实滚；2. 花滚；3. 实滚芦菲叶；4. 单丁斗子；5. 实扁镶思（大镶思）；6. 空斗镶思（小镶思）；7. 大合欢；8. 小合欢；9. 盒盒斗；10. 马槽斗；11. 高矮斗；a. 填灰沙；b. 填灰沙及碎砖；A. 立面；B. 平面

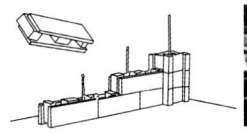
图 12 C·亚历山大的空心墙做法，重绘

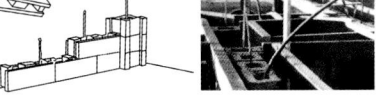
图 13 空心墙施工，出自《住宅制造》（知识产权出版社，2002）

图 14 柱子施工，出自《住宅制造》（知识产权出版社，2002）

福建泉州传统建筑中的"出砖入石"做法，民间又称"金包银"，最初就有此方面的考虑（图18～图20）。

张永和先生在做泉州小当代美术馆时也利用了"出砖入石"（图21、图22），他不仅是上视觉的继承，还回到了"出砖入石"的本源——降低建筑造价，因为当时小当代美术馆的投资不大。

某建筑师在做自宅设计时，外墙采用青砖（图23），建成后的内墙面是要抹灰的，而青砖比红砖要贵，因此他就将墙的内面换成红砖加以砌筑，我们通过没有抹灰的地方可以看到裸露的红砖内墙面（图24）；他在另一个建筑中，也让红砖在外表面上零星出现（图25），这样不仅节省了钱，而且还表现出一定的斑驳感。也许那句话"最好的设计一定是最省钱的"能帮助我们来理解。

刘家琨在做石头博物馆时，至少有两个出发点：表现清水混凝土的质感与降低造价。现实条件：砖的价格比混凝土的便宜，模板比较昂贵，人工比较便宜。于是，他将120砖墙作为混凝土墙内膜板，只需一个木制外模板，然后在其间浇筑混凝土，最后将建筑内表面粉刷。这样一来，他不仅表达了清水混凝土的质感，还大大降低建筑造价，一举两得。

乌拉圭建筑师Dieste也经常砌空心墙，然后在空隙内加入钢筋和混凝土来加固，以此来降低墙的造价（图26、图27），与钢筋混凝土墙相比。其实Dieste的工作就是扩展了的砖混结构。前文空斗墙内加入灰浆的做法与之在构法上有类似之处，但这里填充的东西是起结构加固作用，而空斗墙内置入灰浆或碎砖只是填充作用。

4. 圆弧墙

我们知道，平面周长/面积能影响建筑的经济性，平面周长/面积越小，就越经济。图28表示两座建筑的轮廓，其中A建筑是L形，B建筑具有非常不规则的轮廓。两座建筑的每一层建筑面积都为244m^2，假设这两座建筑均为两层，这样，每一座建筑的总面积为488m^2。A建筑的围墙长度为70m，而B建筑的围墙长度达100m——增加了43%。B建筑的围墙长度远远大于A建筑，

图15 墙面抹灰处理效果　图16 发展研究中心图书馆的砖格子墙　图17 发展研究中心计算机房的砖格子外墙采光

图18 "出砖入石"（一），林颖群提供　图19 "出砖入石"（二），林颖群提供　图20 "出砖入石"（三），杨荣华提供

图21 泉州小当代美术馆入口，非常建筑　图22 泉州小当代美术馆内部，非常建筑

图23 青砖外墙面，来源：Flickr用户Ben Cappellacci　图24 红砖内墙面或抹灰内墙面，来源：Flickr用户chinnian　图25 青砖与红砖的混合面，来源：Flickr用户Ben Cappellacci

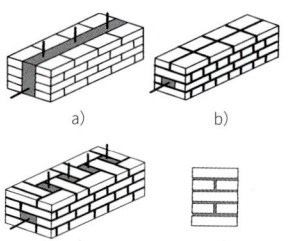
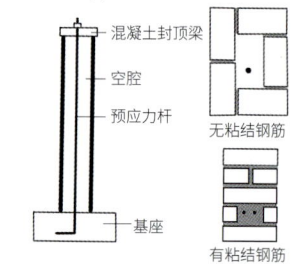

图26 墙的做法，重绘　图27 柱子的做法，重绘

这是非常不经济的。要知道，一座建筑的周长成本可达总成本的 20%～30%，而一道外墙可能比一道内隔墙贵 2～4 倍。在本例中，单就大大增加的周长而言，B 建筑的成本比 A 建筑至少高 10%。

概括起来，规则平面的建筑比相同面积的不规则平面的建筑的平面周长短；形状为圆形的建筑比相同面积的其他形状建筑的平面周长都短。这是一个降低造价的重要因素。同时，圆形平面的强度和抗震性又最好，那么对砌体建筑来说就更有利了。

Laurie Baker 就深刻地认识到了这一点，他的建筑大量采用圆形平面。比如 Namboodripad 宅，基地很小，6 棵椰子树（是主人的一个重要经济来源）不能被砍伐，需公共房间、主人卧室、四个孩子的私人空间、一个老姑妈卧室等，提供预算是 10000 卢比（在 1973 年这是一个非常低的开支），Baker 采用的就是圆形平面，不但有效解决了造价问题，而且满足了基地和所需房间的需求。图 29 是他为一小镇设计的教堂，采用圆形平面降低建筑造价也是他考虑的一个方面。

5. 曲线墙（包括折线墙）

从结构稳定性来看，单砖墙（120mm 厚）通常对小型的单层建筑是足够的，对内部的隔墙就更不用说了。而较大型的建筑中的直的 120mm 厚的长砖墙就比较薄弱了，但是如果任何一边每隔 1.5m 或 1.8m 有个墙垛或者做成折墙，那么它就非常牢固并能撑托屋顶和楼板（图 30）。而这些凹进去的地方 Baker 经常巧妙地做成架子或衣橱，这种智慧不但使空间得以充分利用，而且几乎不增加额外费用！

Baker 的建筑中也使用了许多曲线外墙，那是为了遮阳通风，外墙做成了格子墙，进而更多地降低造价，使用了单砖外墙，而单砖墙的强度又不够，于是通过波动来加强墙的稳定性和强度（图 31）。

另外，我有个推测，即 Baker 的单砖曲线外墙内凹而不外凸，也有节省造价的原因，因为在保证内外墙间留有相同大小的空间（用来通风）时，内凹的楼板面积比外凸的小。

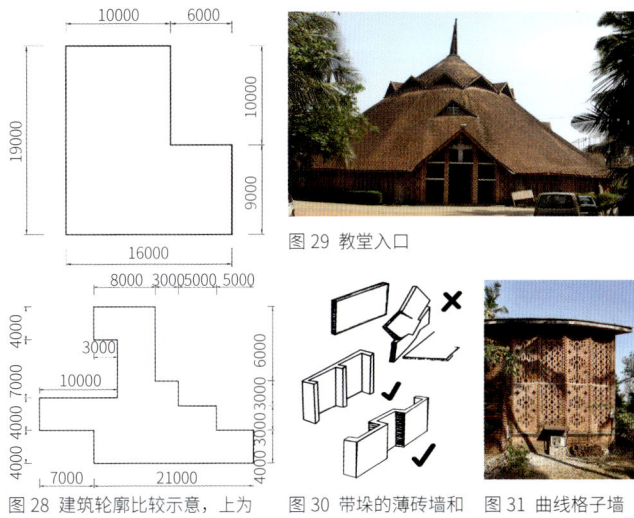

图 29 教堂入口

图 28 建筑轮廓比较示意，上为 A 建筑，下为 B 建筑，自绘

图 30 带垛的薄砖墙和曲折的薄砖墙，重绘

图 31 曲线格子墙

6. 区别灰浆的配比

不同部位的墙在建筑中的作用不同，而作用的不同对强度的要求也不同，若对砌筑不同作用的墙的灰浆加以区别，而不一概而论，那么将能很可观地降低建筑的造价。Laurie Baker 也利用了这一点，专门制定了一套灰浆配比表，水泥、砂、石灰、黏土的混合比例有多种情况（图 32）。

就此点而论，如果能很好地执行，不但能有效地降低建筑造价，不同配比的灰浆在颜色上的区别能使建筑获得丰富的墙面效果。

3.2 低造价的砌体"过梁"设计

3.2.1 三铰拱

1. 叠涩拱

最基本的拱就是叠涩拱，无须支模，无需较大的连接支撑物，仅靠小块体就可完成一定的空间跨度，施工方便，可节省大量钢筋、混凝土、木材等，因此造价也比较低。英裔印度建筑师 Laurie Baker 就巧妙地利用了叠涩拱（图 33）来降低建筑的造价。同时，由于叠涩拱的叠涩而出现的线脚和韵律也为建筑设计增加了造型元素。

取叠涩拱的一半就是叠涩支撑，其施工也同样简单，造价比钢筋混凝土的低得多，而且造型感和纹理感特别强。例如：图 34 的梁托、图 35 的叠涩柱帽。图 34 的门上"过梁"其实是叠涩拱与平拱的共同作用，这样既可省掉平砌过梁下面的钢筋，又可加大一些跨度，还可丰富墙体的纹理。

2. 平砌式砖过梁

它的外形和墙身一样，因此看不出哪一部分是砖过梁本身（图 36）。一般门窗洞口上部高约 25cm 以上（根据跨度决定），长相当于门窗洞口跨度的那一部分砖墙，属于平砌式砖过梁的作用范围。平砌式砖过梁在破裂时不是起到梁的作用，而是三铰拱，也就是叠涩拱的作用（图 37）。

平砌式砖过梁系墙身的一部分，但过梁中最下层的砖有坠落的可能，所以施工时常先铺一层胶泥，再放几根钢条或铁皮（在墙厚每半砖内至少放截面为 $0.1cm^2$ 的钢条或铁皮）以确保安全。在一般情况下，平砌式砖过梁内除前述几根钢筋外（图 38），不需要更多的钢筋，计算受力时是照纯砖的平砌过梁考虑的。而在特殊情况下，平砌式砖过梁内的钢筋除起防止下面砖脱落作用外，还要承受推力时，钢条就要参与计算，截面面积可能要加大。

（1）施工　平砌式砖过梁的施工虽然需要模板，但也比较方便。在砌砖过程中，门窗洞两侧的墙身砌过过梁处时，木工即在门窗内架设模板。然后在模板上铺 2～3cm 厚的胶泥，在其上放入钢条或钢片。钢条要深入门窗洞边线 32cm 以上，做成弯钩。之后就可像砌普通砖墙一样砌过梁部分的砖墙，只需在其工作高度内（普通为 6 层）使用较好的胶泥即可，配比比例不得低于 200 号水泥：生石灰：砂 = 1：0.4：5。

Laurie Baker 灰浆配比表		
用途	材料配比	说明
基础砌筑灰浆	水泥：砂：石灰 =1：6：1	适用于基础砌筑，强度要求较低，但需要一定的耐久性
普通墙体砌筑灰浆	水泥：砂：石灰 =1：4：1	适用于普通墙体砌筑，强度和耐久性适中
高强度灰浆	水泥：砂 =1：3	适用于承重墙或结构关键部位，强度要求较高
低成本灰浆	水泥：砂：黏土 =1：8：1	适用于低成本建筑，黏土减少了水泥用量，适合非承重结构
石灰基灰浆	石灰：砂 =1：3	适用于传统建筑，透气性好，适合潮湿环境
黏土基灰浆	黏土：砂 =1：2	适用于临时建筑或低成本建筑，黏合性较好，但强度和耐久性较低
轻质灰浆	水泥：砂：锯末 =1：4：1	适用于轻质墙体，锯末作为填充材料，能减轻重量并提高隔热性能
防水灰浆	水泥：砂：防水剂 =1：3：适量	适用于需要防水的部位，如浴室或地下室，防水剂可提高抗渗性

图 32 灰浆的配比表，自绘

图 33 叠涩洞口，来源：Flickr 用户 Ryan　　图 34 叠涩支撑，来源：Enfo　　图 35 叠涩柱帽，来源：Tudoi61

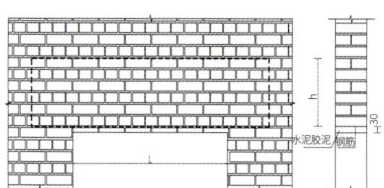

图 36 平砌式砖过梁构造，自绘

图 37 破坏形式以证明平砌式砖过梁是叠涩拱的原理，来源：Flickr 用户 theophontes

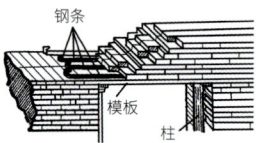

图 38 普通平砌式砖过梁的施工，重绘

做平砌式砖过梁时的模板除图 39 所示外，还有不用木柱的简便模板（图 40）及工具式模板（图 41），这两种模板更节省一些。跨度在 1.5m 以内的过梁，便可使用简便模板，此种模板系用 40～50cm 的木板搭于门窗洞两侧墙顶挑出的砖上而成。工具式模板系用铁管式横梁和木模板两部分组成，铁管式横梁则由直径 60cm 的铁管两端各套入一直径为 48cm 的铁管而成，用时先将内管抽出而后搭于砌体上；再在两个横梁之上设方木两根，木模板铺置其上，此种模板适用的跨度比简便模板的要大一些。

尽管平砌砖过梁用了钢筋，施工时也用了模板，但施工依然很方便，较钢筋混凝土过梁还是能节省大量的钢筋和水泥，因此造价还是比较低。同时，平砌式砖过梁由于外形与墙体一致，为强调统一感的设计提供了得天独厚的条件。

(2) **平砌式砖过梁的应用条件** 地基土质不坚实，有造成墙身不均匀下沉之可能的，或房屋内有机器设备发生振动的，不可用。

一般跨度在 2m 以内，采用平砌式砖过梁毫无问题；跨度超过 2.25m 的，须采用其他类型的过梁；小于 2.25m 时，根据跨度不同可调整胶泥的标号。

一般地，平砌式砖过梁的最小高度为跨度的 1/4，通常做成 6 匹砖；如果跨度加大，可适当提高胶泥的标号。

过梁上若有集中荷载，须根据需要加大钢条的截面尺寸。

若房屋转角部分或突出部分内的过梁所产生的推力是墙身所不能承受的，则须经计算加大钢条截面，钢条须深入砖砌体 50cm 以上。

(3) **应用实例** 艾未未在砖建筑设计中对平砌砖梁做了一些改造，他直接用一块钢板代替钢筋，然后在其上砌筑砖墙（图 42、图 43）。

3. 平拱

平拱的破坏形式也属三铰拱。由于其施工简单，可节省不少水泥和钢筋，故造价比较低廉。通常的平拱如图 44 所示。普通平拱的最大跨度为 2.25m，拱的高度一般为跨度的 12%。

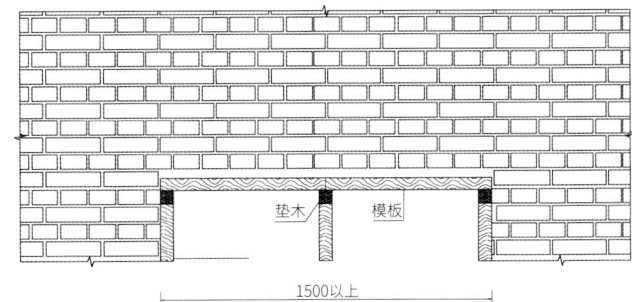

图 39 普通平砌式砖过梁的模板，自绘

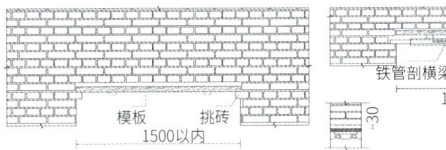

图 40 普通平砌式砖过梁的简便模板，自绘

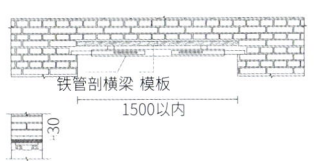

图 41 普通平砌式砖过梁的工具式模板，自绘

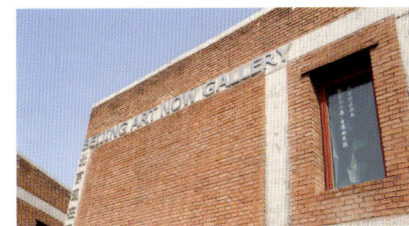

图 42 改造的平砌式砖过梁（一），来源：Flickr 用户 chinnian

图 43 改造的平砌式砖过梁（二），来源：Flickr 用户 chinnian

图 44 平拱示意，自绘

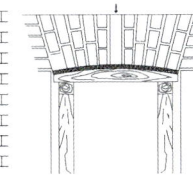

图 45 平拱变形（一），自绘

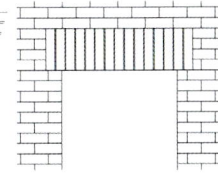

图 46 平拱变形（二），自绘

平拱的4种变形做法：

1）为了增加拱的强度，有时将拱的下边做成微弧，这样也可抵消拆模后的轻微变形（图45）。施工：在模板上砌平拱时，应自平拱两端的拱座处，同时向拱顶砌置，这样可以避免模板因荷重不均而致歪斜；平拱砌完时中间放置拱顶砖，装入时应紧密合适。图49是更为夸张的做法，将平拱和叠涩合并应用。

2）有时为了施工方便，平拱的砖可以不倾斜，但胶泥的标号会高一些（图46、图47）。这种做法比较常见，不予详述。

3）跨度或荷重比较大时，有时会连续做几层平拱并加一些钢筋以增大强度（图48），这样能节省大量的钢筋和水泥，进而使建筑成本得到大大降低。

4）英裔印度建筑师贝克认为，过梁通常用钢筋混凝土制成，但当门和窗的洞口小于1.22m时，过梁是没有必要的，一般将砖立砌就足够了。如果需要更牢固，砖立砌，中间留空，填上带有一两根钢筋（φ6~φ8）的混凝土将能撑托上面墙和屋顶非常大的重量，这种过梁形式比正统的钢筋混凝土过梁的造价少一半还多。

3.2.2 真拱

叠涩拱、平砌式砖过梁、平拱虽然施工方便、造价低，但是所能支撑的空间一般比较小。于是出现了曲线拱，通常被叫作真拱[一]。

英裔印度建筑师贝克和中国台湾建筑师谢英俊在建造低造价建筑时都充分利用真拱结构，节省了不少钢筋和水泥，进而达到降低造价的目的（图49）。

图47 平拱变形（三），自绘　图48 平拱变形（四），自绘　图49 谢英俊对拱的应用

3.3 低造价的楼板和屋盖设计

3.3.1 小跨度

1. 板——空心砖楼板[二]

空心砖楼板（图50）所采用的主要材料是空心砖，只需极少量的钢筋混凝土材料；在浇灌混凝土时所用的模板和人工，比做钢筋混凝土楼板的节省得多。因此，空心砖楼板的造价会比钢筋混凝土楼板低得多。就拿空心砖多肋楼板来说，它比普通钢筋混凝土肋状楼板省20%以上的人工；水泥用量可减少2/3~3/4；总的造价可省20%以上。因此，这种楼板是低造价建筑设计的一个重要内容。

国外（印度、乌拉圭等国）也不断地对其进行研究，创造出一些低造价的优秀建筑，而许多人看后在吃惊与陶醉之余由于学理不清，并不能将其化为设计要素；国内早在20世纪50年代就引进了苏联的空心砖楼板理论，可是当下人们对其非常陌生，建筑的楼板设计无论在什么情况下，不管必要不必要，动辄就是钢

[一] 有关拱的详细分类将在低造价的楼板和屋盖设计"拱顶"一节中论述。

[二] 本节资料频繁参考超星电子图书《空心砖楼板及砖过梁》，此书的参考文献：《钢筋混凝土多肋楼板结构学（俄文版）》，п.л.巴士尔纳克、и.Е.马利雅茜娜 著，机器企业建设书籍出版局1950年出版；《工业及民用房屋砖石结构学（俄文版）》，м.я.佩利狄西、с.в.波勒雅考夫 著，国立建设图书出版局1950年出版；《民用建筑手册（俄文版）》，国立乌克兰技术图书出版局1960年出版；《建筑师手册第九卷（俄文版）》，国立建筑研究院出版局1950年出版；《东北日报》，1952年1月7日第一版和1952年1月25日第二版。

筋混凝土，几乎毫无设计可言，同时还造成了许多不必要的浪费。本人认为空心砖楼板在我国当下仍具有相当大的设计潜力和实用潜力，为此对其学理和经验进行较详细的归纳整理，以期对本人和同仁的建筑设计有所裨益。

（1）空心砖楼板类型介绍

1）钢筋混凝土多肋楼板与钢筋陶土空心砖楼板：空心砖楼板按受力方式分为钢筋混凝土多肋楼板与钢筋陶土空心砖楼板两种，主要区别由空心砖决定。

钢筋混凝土多肋楼板所用的空心砖有两种：填充用陶土空心砖和矿渣混凝土空心砖。钢筋混凝土多肋楼板不考虑空心砖在楼板结构受压区内的作用，因此其空心砖的空心率可以比较大，强度不必太大。填充用陶土空心砖的空心率为 50%～65%，有时甚至更高一些；壁后最小值可在 8～12mm 之间。

填充用陶土空心砖如果符合下列条件，就可在任何跨度、任何荷重的普通建筑及大多数工业建筑的楼板内使用。

①楼板面层混凝土厚度在 50mm 以上。
②钢筋混凝土肋的宽度在 30mm 以上。
③空心砖的高度一般在 100～260mm 之间。

在一般情况下，高 90～100mm 的空心砖用在跨度 3.5～4m 的普通建筑内；高 140mm 的砖，用在跨度 4.5～5.5m 的普通建筑内；高 190mm 的砖，用在跨度在 6.5m 以内的普通建筑内；高 190～240mm 的砖，用在工业建筑内。

填充用陶土空心砖的常用类型如图 51 所示。

用于填充的空心砖还有矿渣混凝土空心砖，其是工业废料制成，造价比填充用陶土空心砖低，因此钢筋混凝土多肋楼板常以矿渣混凝土空心砖为填充砖。矿渣混凝土空心砖常用类型有两种，其一为三孔空心砖，尺寸为 215mm×400mm×196mm，空心率为 35%～45%（图 52）；其二亦为三孔空心砖（图 53），但两侧倾斜，下端有凹槽，专门用来放在装配式的肋上。

钢筋陶土空心砖楼板中的空心砖与钢筋混凝土肋共同起承重作用，其空心砖为承重陶土空心砖。承重用陶土空心砖空心率小一些，强度大一些，形状简单，有二孔、三孔的，有带

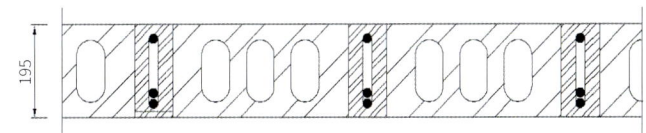

图 50 空心砖楼板的一个常见断面，自绘

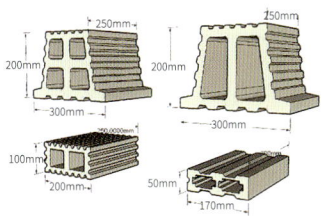

图 51 四种填充用陶土空心砖，自绘

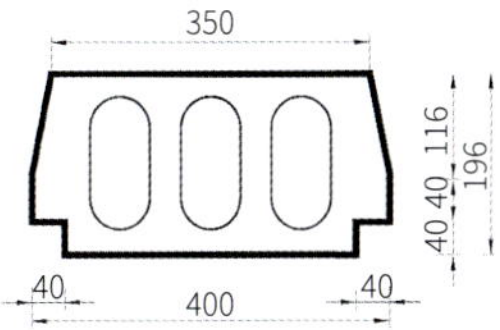

图 53 填充用矿渣混凝土三孔空心砖（二），自绘

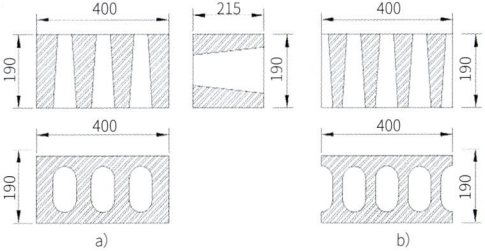

图 52 填充用矿渣混凝土三孔空心砖（一），自绘

槽的和不带槽的。常用的为二孔空心砖（图 54），空心率在 40%～45% 之间。用这种空心砖做成的楼板比钢筋混凝土楼板轻 30%～35%；所用水泥少 2/3～3/4。

2）一体式与装配式：空心砖楼板按施工方法的不同，可分为一体式和装配式两种。采用一体式还是采用装配式须由下列条件来决定：房屋的总结构图；房屋的形式；施工方法；现有施工设备；工程数量；所用填充料；房间的跨度、荷重及平面图。

一体式多肋楼板和通常采用的钢筋混凝土肋状楼板相似，其肋较密，肋上设钢筋混凝土平板，肋和平板共同浇灌，连成一体

（图55），肋间填空心砖。

装配式多肋楼板又分为纯装配式和半装配式两大类。

纯装配式多肋楼板中的钢筋混凝土肋必须用工业化方法预制，因此工地上需要配备升降机械。施工时无须支撑设备和模板，这样就可以节省大量劳动力，而且施工简便，可以满足工业化流水施工法的要求。图56即为一纯装配式多肋楼板，其装配式梁（肋）支于墙上或钢筋混凝土大梁上，肋的间距为500～800mm，中间填空心砖（最好以矿渣混凝土制成）。空心砖与肋之间应留出宽20～30mm的空隙一条，中浇水泥胶泥。

半装配式多肋楼板中的钢筋混凝土肋须在工地上浇灌。施工时利用工具式的疏铺模板，模板间铺设空心砖，中放钢筋，然后浇灌混凝土肋。半装配式楼板跨度较大时，上面须铺铁丝网，浇30～50mm厚的混凝土平板。

通常采用的大多为半装配式多肋楼板，下面将详细阐述其设计与施工细节。

（2）半装配式空心砖楼板的设计与施工

1) 模板：

模板1：疏铺木模板

木模板疏铺于横向支撑物上（梁、墙或其他），横向支撑物由支柱支撑，支柱可由木柱、砖柱或工具支柱撑好（图57）。将空心砖沿纵长向密铺于木板上，两排空心砖的间距等于钢筋混凝土肋的宽度。空心砖铺好后，将事先做好的钢筋构件（最好是焊接）装入两排空心砖之间，然后浇灌混凝土，至于模板，就是两侧空心砖的砖壁和下面的木板。

模板2：工具式木框模板

有时为了增加楼板的承载能力，常将肋的高度超出空心砖砖面40～50mm。在这种情况下施工时，应做好木框（图58），作为补充模板之用。

模板3：小条子

空心砖两侧的下端最好挑出（图59），以便铺好后构成一条小沟，以承混凝土。经验证明，这一点是非常重要的，因为顶棚粉刷的厚度有限，如果空心砖无上述挑出部分，则钢筋混凝土肋

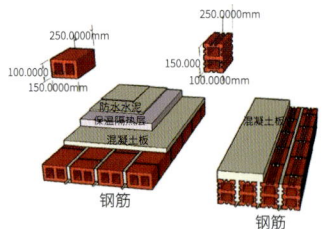

图54 承重用陶土空心砖，自绘

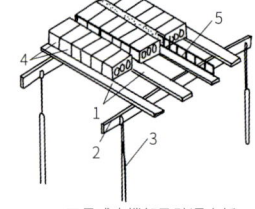

图55 一体式多肋楼板，自绘

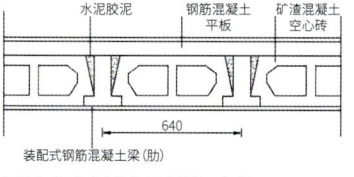

图56 纯装配式多肋楼板，自绘

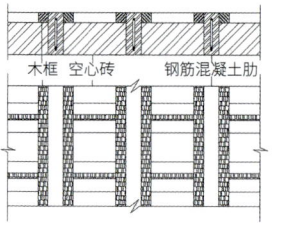

图57 工具式支撑架及疏铺木模板，重绘
1—木板 2—大梁 3—支柱
4—空心砖 5—肋中的钢筋

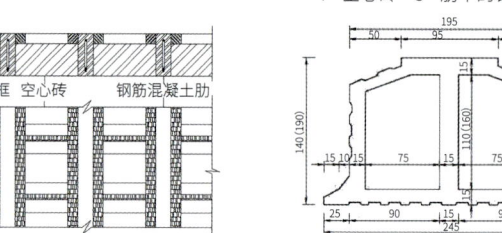

图58 工具式木框模板，自绘　　图59 下端挑出的陶土空心砖，自绘

之下，常常突出一条长带。长期从长带上排泄水气会影响肋的质量，同时长带还会影响楼板的隔热与隔声性能。如果空心砖没有上述挑出部分，则须在两排空心砖之间垫以小条子（用空心砖同质材料来制造比较好），以便使顶棚平整（图60）。

2) 楼板的式样：采用矿渣混凝土三孔空心砖的多肋楼板时，其构造最好是下列三种情况之一。

①跨度在4～5m以内，楼板上可不加混凝土板（图61 a）。

②跨度较大者，肋的高度可加到250mm，突出部分淹没在地板结构之内（图61 b）。

③跨度大且活荷重又大者，楼板上设一层 20～50mm 厚的混凝土板，如果必要，内可设铁丝网（图 61 c），混凝土板应用不低于 140 号的混凝土浇筑，须与混凝土肋同时浇筑。

采用陶土空心砖的多肋楼板构造处理也是参考此法。

3）空心砖楼板结构设计大要：空心砖楼板的结构设计总体上是按照破坏时的应力状态引用一定的安全系数计算的，比按允许应力计算方法更切合实际，又节省材料。

①设计钢筋混凝土多肋楼板时，只需计算钢筋混凝土肋，不必计算受压区内空心砖的作用。肋一般依照单侧钢筋式矩形梁来计算，如果上面有 40mm 以上的钢筋混凝土板，则应依照 T 形梁来计算。空心砖宽度在 250mm 以内时，肋中不必设安装钢筋及扎筋；空心砖宽度在 250mm 以上时（如果其中填较大的矿渣混凝土三孔空心砖），肋的上部应设直径 6～8mm 的安装钢筋（不必弯钩）并加扎筋（直径常取 6mm），中距为 200～400mm（图 62）。

按理论计算，中小跨度的钢筋混凝土多肋楼板内无须设置斜筋和扎筋。但在构造上，常将每一跨度内二根主力钢筋之一弯起，每隔 300mm 设直径 6mm 的扎筋，其他地方则无须安置上部安装筋和扎筋（图 63）。

钢筋混凝土多肋楼板（无平板）的允许跨度、允许荷重及钢筋数量见附表 3-9、附表 3-10。

②钢筋陶土空心砖楼板的空心砖是要起承重作用的。肋的宽度比钢筋混凝土多肋楼板可稍小一些，可做到 50mm。填肋时，如果肋的宽度很小，则所用混凝土需以较细的骨料（颗粒不得大于 7mm）拌成；所用混凝土的标号不得低于 110，所用钢筋直径常为 6～20mm。肋内一般只设一根钢筋（图 64）。

多跨的连续楼板结构内，只在支座上设置上部安装筋，以承受负力矩（长等于 0.02 倍跨度，自墙面起算）（图 65）。支座范围内为了支持上部安装筋，应设扎筋，中距为 300～400mm。其他地方无须设置上部安装筋和扎筋。支座上不设上部安装筋时，须将一侧楼板的那根钢筋弯起（图 66）。

钢筋陶土空心砖楼板（无平板）的允许跨度、允许荷重及钢

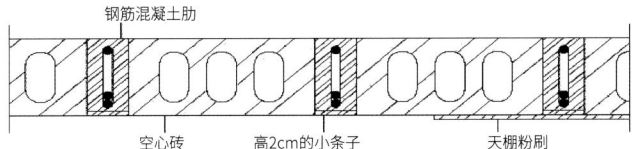
图 60 利用小条子使顶棚平整，自绘

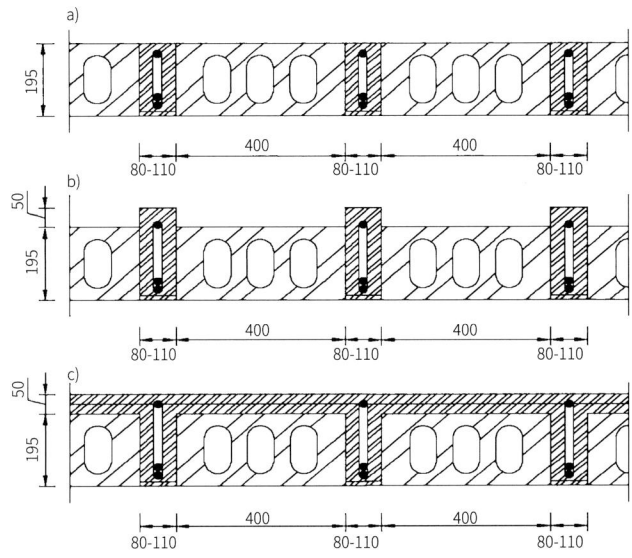
图 61 矿渣混凝土三孔空心砖的多肋楼板构造，自绘

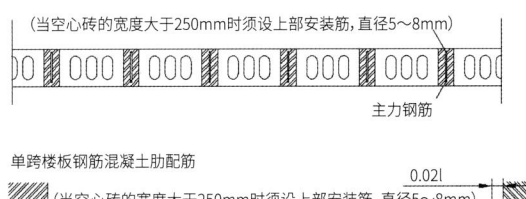

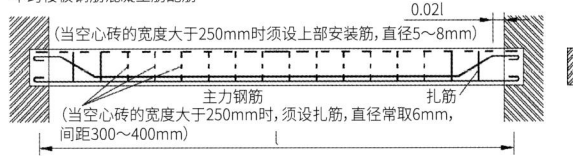
图 62 矿渣混凝土空心砖填充的钢筋混凝土多肋单跨楼板，自绘

筋数量见附表 3-11、附表 3-12。注意：空心砖与混凝土共同起作用的条件并不能节省钢筋，因为按破坏阶段计算法原理及试验证明，楼板的破坏是由于钢筋到达屈服限度，并不是由于受压区破坏之故。但在共同作用的条件下，考虑剪力而计算空心砖受压区的作用，则很为重要，因为肋的宽度不大而活荷载较大时，就需要很多斜筋，通常做法是将钢筋弯起，但如果空心砖与混凝土共同作用，就不必再行把钢筋弯起了。

4）**混凝土保护层的厚度**：使用陶土空心砖的楼板，混凝土保护层的厚度，下部的钢筋应不小于 10mm；上部的钢筋应不小于 15mm。

使用矿渣混凝土空心砖的楼板中，下部和上部的钢筋的混凝土保护层的厚度均不应小于 15mm。

空心砖有挑出部分或浇灌时于两排空心砖之间垫以 15～20mm 厚小条子的，保护层厚度可以为 10mm；其他情况时为 15mm 厚。

5）**楼板与支撑物间的构造处理**：楼板支于外砖墙上时，深入墙身的部分如果是自由支撑，则不得少于半砖（120mm），如是固定支撑，不得少于一砖（240mm）；支于内墙砖上时，不得少于半砖，中间须填实（砌砖或浇混凝土）（图 67）。

楼板支于钢筋混凝土大梁上时，大梁与肋一起浇灌（图 68）。大梁的模板用作楼板的临时支座。楼板内的钢筋应接搭至少 30cm，支座上应设上部钢筋，以承负力矩。

倘若楼板的宽度与空心砖及肋的宽度不成整数比，最外间节内若须填以空心砖时，空心砖的长度方向应平行于梁。所留宽度不满 200～250mm 者，中浇混凝土。

6）**楼板的留洞方法**：楼板上管道经过的空洞应留在二肋之间，洞之四边均须补充适当的钢筋（图 69，洞口 1）。倘若空洞穿过一肋或数肋时，其两旁的肋即承受穿过的肋的荷重，因此，两旁的肋中须增加钢筋，必要时须将肋的宽度加大。断肋两端须设短梁作为支撑之用（图 69，洞口 2）。

总之，空心砖楼板的施工比较简单，用料节省（用料及造价见附表 3-13、附表 3-14、附表 3-15）；自重轻，对基础的处理也

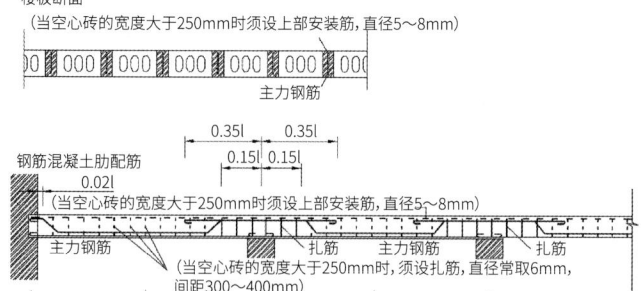

图 63 矿渣混凝土空心砖填充的钢筋混凝土多肋连续跨楼板，自绘

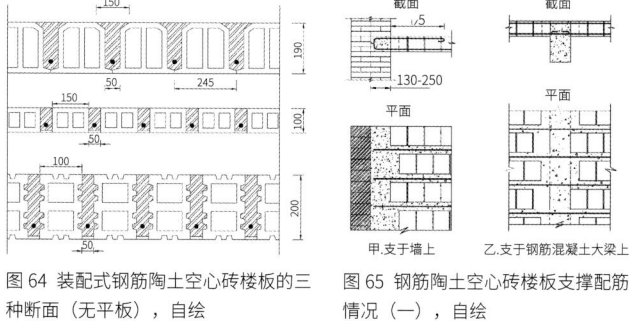

图 64 装配式钢筋陶土空心砖楼板的三种断面（无平板），自绘　　图 65 钢筋陶土空心砖楼板支撑配筋情况（一），自绘

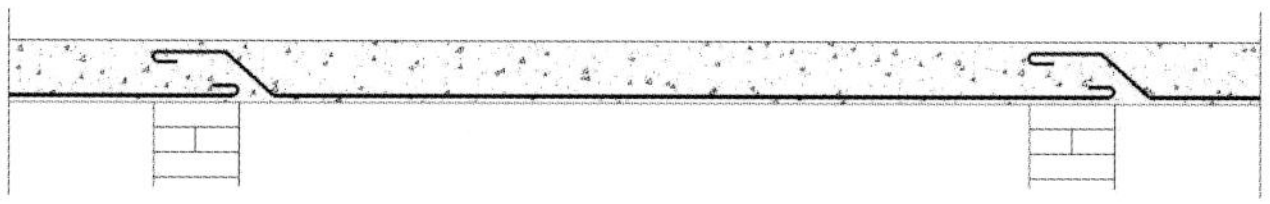

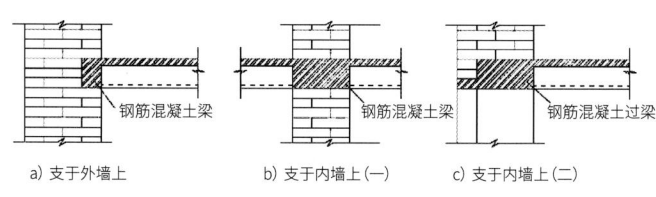

图 66 钢筋陶土空心砖楼板支撑配筋情况（二），自绘

a) 支于外墙上　　b) 支于内墙上（一）　　c) 支于内墙上（二）

图 67 楼板支撑构造，自绘

有利；同时由于其与混凝土相间而生，具有很强的韵律感。

（3）应用实例：贝克的实践　英裔印度建筑师贝克为了降低建筑造价，以当地的旧瓦片代替空心砖作为填充材料，进而节省水泥，降低造价，实现低造价建筑设计。贝克认为，钢筋混凝土板由于使用大量的钢和水泥而花费非常高，但是实际上传统的钢筋混凝土板有相当多的水泥是没必要的，所以用轻质便宜的材料代替那些多余的混凝土，就可降低板的总费用，这种屋顶被称作填充板。填充材料可以使用轻质砖、瓦片等，这将比正统钢筋混凝土板费用降低 30%～35%；因为屋顶和楼板占一栋房子总造价的 20%～25%，所以通过使用填充板来降低造价就非常可观了。图 70 展示了两个废旧的瓦片怎样结合在一起形成一个极好的轻质填充物，以及它们怎样被放置在钢筋之间来创造钢筋混凝土填充板。

贝克不做吊顶装饰，而是将填充的瓦片暴露出来，形成富有韵律感的屋面（图 71）。他还将这种屋顶形式与拱相结合，创造出更大跨度的低造价的屋顶设计（图 72、图 73）。

砖+竹、钢筋混凝土肋楼板是空心砖楼板的改造做法。英裔印度建筑师贝克做过一些尝试（图 74）。将成熟的竹子劈成两半，用作砖单元（三块熟砖预先用灰浆连接在一起形成小板）之间的钢筋混凝土肋骨的永久模板，这是正统钢筋砖混凝土板的乡间做法的改造，但没有找到具体的建筑实例照片。

2. 拱顶

（1）叠涩拱顶　叠涩拱顶相当于叠涩梁的纵向延展，具有施工容易、不需模板、造价比较低的特点。图 75 就是利用叠涩拱建造的一乡间小石屋。

用砖建造叠涩拱顶来降低建筑造价也是较常用的做法，印度建筑师 PK- 佩乌·班内尔耶·达斯在印度建造的一小学校就是很好的例子（图 76）。土耳卡怕是距离州首府安德拉邦 35km 远的一个村庄，有数千人，急需一个小学校。政府投资 20 万卢比（当时约合 3000 镑），要求建造至少 135 m² 的教室，PK- 佩乌·班内尔耶·达斯按照每平方米 2702 卢比的标准计算才只能建造 74 m²（已经是

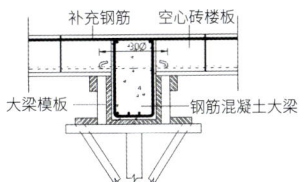

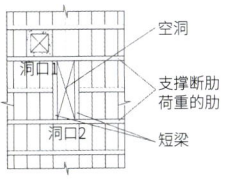

图 68 楼板支于钢筋混凝土大梁上，自绘　　图 69 楼板留洞，自绘

图 71 屋顶（一）　　图 72 屋顶（二）　　图 73 屋顶（三）

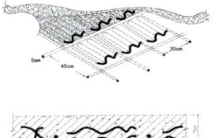
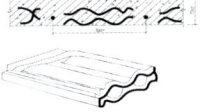

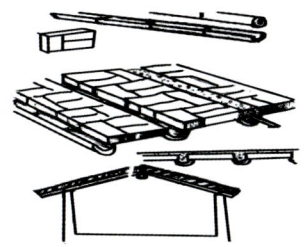

图 70 屋顶构造细节，重绘　　图 74 砖+竹、钢筋混凝土肋楼板，重绘

图 75 叠涩拱小石屋，来源：Dieglop　　图 76 叠涩拱顶外观，出自《新乡土建筑——当代天然建造方法》（机械工业出版社，2005）

比较低的标准），所以 PK- 佩乌·班内尔耶·达斯面临一个严峻的挑战。由于混凝土比较贵，他充分利用当地一砖场生产的线割砖，非常有效地降低了建筑造价。叠涩砖拱顶又是另一个重要因素。整个建筑平面为一组八边形，跨度为 6m，墙上设一钢筋混凝土梁

托，在梁托上以砖叠涩起拱形成屋顶。有个细节是，叠涩出挑的距离自下而上不等，下面出挑 62.5mm，中间出挑 75mm，最上面出挑 87.5mm，这样单纯的叠涩拱就与尖拱结合了起来，强度得到了增加。

（2）扁平砖拱 真拱按不同的拱轴曲线分为抛物线拱、圆弧线拱和倒悬链线拱三种。

虽然三种拱轴曲线公式的差异很大，但从它们纵横坐标值看，曲线形式还是比较接近的。特别是倒悬链线拱轴线与抛物线拱轴线非常相近；当 $f/l = 1/10$ 时，两者差异极小（图 77、图 78）。当沿拱轴线作用着均布荷载时，三种拱的推力都非常接近，圆弧线拱的推力在三者之中略小些；拱中央的弯距则有质的变化：倒悬链线拱的特点就是在沿拱轴线自重的作用下弯矩等于零，而圆弧线拱在中央为正弯矩，抛物线拱则为负弯矩。

欧洲地区罗马时期、罗马风时期、哥特时期和文艺复兴时期的拱多数是基于圆弧线拱，在建造时需要模板，拱相对较厚较重。中东地区的拱往往趋向于抛物线拱，这种拱通过将砖层倾向于山墙使施工时不再需要模板，穹顶则砌成螺旋图案，同样可以不需要模板；中东拱和欧洲一样厚且重。出现在巴塞罗那周边地区的加泰罗尼亚拱趋向于倒悬链线拱。

拱结构由于施工比较简单，若能就地取材，那么造价一般较钢筋混凝土低。而在拱结构中，不同拱轴曲线的拱的造价优势也有不同。比如，在同等跨度下，中东拱（抛物线拱）由于不需要模板，可能比欧洲拱（圆弧线拱）更有优势，但中东拱（抛物线拱）在材料用量上可能不及欧洲拱（圆弧线拱），究竟谁的造价更低，要视具体情况而定。欧洲拱（圆弧线拱）和中东拱（抛物线拱）的共同特点就是比较厚重，用材用料较大，那有没有用材用料比较少、造价更低的拱？

下面着重谈的是有明显造价优势的扁平砖拱。在砖拱建筑中 f/l 为 1/5、1/6、1/7、1/8、1/9、1/10、1/12 时都属于扁平拱，但通常的 f/l 多为 1/5、1/6、1/8、1/10。扁平砖拱与其他矢跨比的拱相比，推力不大，拱体内弯矩小。扁平砖拱又分抛物线扁平砖拱和倒悬链线扁平砖拱。

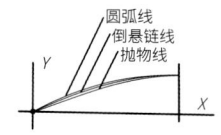

图 77 三种拱轴曲线，重绘

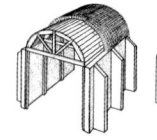
a) 圆弧拱
（欧洲拱）

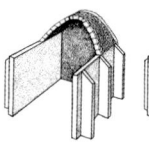
b) 抛物线拱
（中东拱）

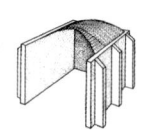
c) 倒悬链线拱
（加泰罗尼亚拱）

图 78 三种拱示意，重绘

1) **抛物线扁平砖拱**：砖石结构中，砌体经常是以偏心受压的情况出现，拱体除在几种特殊的情况下处于轴心受压外，在各种荷载综合作用时，也总处于偏心受压状态。除非根据荷载的综合形式绘制压力曲线，使拱轴线与其相吻合，进而使偏心距为零，完全处于轴向受压状态。偏心越小，承载力越大；偏心过大会使砌体由于一侧抗拉而出现裂缝，对拱是不利的，会使其承载能力降低，拱体失稳。所以，砖拱应尽可能使其截面处于完全受压状态，或处于小偏心受压状态。对于扁平拱来说，由于它的偏心小，与其他矢高的拱相比，拱体安全储备就更为充分些。同时，抛物线拱在垂直均布荷载作用下，拱体只产生轴向力而几乎不产生弯矩（很小的负弯矩可忽略不计），它与其他形式荷载组合时，有利于偏心距的缩小与消失。对于抛物线拱，从拱体受力的角度来说，有一些稍大一点的垂直局部荷载是有利的。于是抛物线扁平拱的受力就非常合理了。抛物线扁平拱的 f/l 经常取 1/10。

抛物线扁平砖拱的施工比较简单：先制作模板（图 79）；再支模（图 80）；然后砌筑（图 81），砖拱砌筑通常采取工字形砌法，当拱厚为 1/4 砖时，错缝的长度应为 1/2 砖，当拱厚为 1/2 砖时，错缝长度不得小于 1/4 砖，砌体的通缝垂直于拱跨方向；脱模。当拱为双层拱时，有两种方法砌筑上层，一为在锯末垫层上砌筑上层砖拱（图 82），然后将锯末掏出；二为支模砌筑上层砖拱（图 83）。

抛物线扁平砖拱的经济性比较分析[一]：扁平砖拱结构与半圆

[一] 本文作者注：以国内的实践资料为参考。
具体参考书目为：《扁平砖拱建筑》，山西省运城地区建委设计室，1980 年 8 月第一版。

砖拱结构相比，具有弧长短、厚度薄的优点。跨度相同时，半圆砖拱的弧长是扁平砖拱的 1.5 倍。此外，半圆砖拱的抗推体若采用砖墙，厚度一般为 1～1.2 m，甚至有 1.5 m。承重隔墙厚度多为一砖半。而且由于受力的需要，屋面上还要平铺一皮或两皮砖，其砖用量为扁平砖拱的 6.5 倍，扁平砖拱的材料用料少得多。另外，半圆砖拱由于圆心位于人耳高度附近，常有明显的回声，在顺拱中心线尤为明显，而扁平砖拱的声音效果好得多，于是省掉了吸声材料的费用。因此造价就比较低。

扁平砖拱结构与钢筋混凝土空心板结构相比，材料用量与造价也有显著的优越性。两种结构相比，前者一般节省钢材 25%、水泥 45%，木材消耗量也不多，造价一般为空心板结构的 65%。在地震区或湿陷性黄土地区的建筑，一般应沿外墙设置封闭的钢筋混凝土圈梁。如果把圈梁的材料及造价计算在内，则扁平砖拱结构的经济效果将更为显著，节省钢材 50%、水泥 50%、造价 40%。

扁平砖拱结构与普通圆弧砖筒拱结构相比，前者除了施工简便外，材料用量及造价也是有显著优越性的。扁平砖拱结构一般节省钢材 40%，水泥 10%～40%。当用作屋顶时，为砖筒壳屋顶造价的 85%。当用作楼板时，其用量为砖筒壳楼板的一倍，其造价为后者的 105%。

扁平砖拱建筑对木材、钢材、水泥的消耗低，而主要用料又是以砖为主，可以就地取材。因此，一般建筑的屋顶及楼板就比较适合使用这种。扁平砖拱结构用作屋盖及楼板时，与其他结构形式的技术经济指标的具体分析见附表 3-16、附表 3-17。

附表 3-16、附表 3-17 中关于扁平砖拱屋顶或楼板所消耗的钢材为采用几种不同抗推结构时的耗钢量的平均值。在一般情况下，抗拉圈梁消耗的钢材约占总耗钢量的 70%。为了节约钢材，可适当加大矢高值，以减小拱座的水平推力。例如当矢跨比由 1/10 提高到 1/6 时，钢材用量可减少 30% 左右。但加大矢高值时，由于砖拱弧长增大，将使砖拱砌体增加 5% 左右。此外，其抵抗地震等水平力的作用也不及矢高值小者有利。同时还削弱了扁平砖拱的建筑效果。水泥用量中，除包括砌筑砖拱及浇制钢筋混凝土抗推、

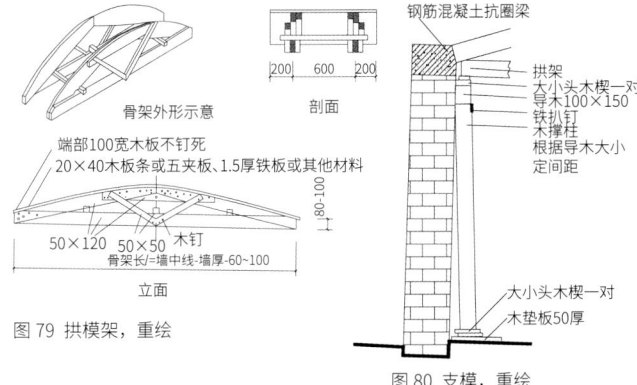

图 79 拱模架，重绘

图 80 支模，重绘

图 81 模板砌筑示意，重绘

图 82 在锯末垫层上砌筑上层砖拱　图 83 上层砖拱完成后去掉中间的木拱小模板

抗拉体的结构用水泥外，还包括防水或找平等建筑构造用水泥。结构用水泥占水泥总用量的 60% 左右。木材主要用于砌筑砖拱，浇制抗推、抗拉体的模板。造价系数按直接费计算。其中砖拱及抗推、抗拉体等的结构费用占总值的 60%～80%。双层砖拱的费用较大。

应用实例：我国在 20 世纪 70 年代左右修建了一大批扁平砖拱的建筑。山西运城地区就有不少案例，其中有办公楼、汽车库、食堂、医院、教室、宿舍及仓库等，楼的跨度为 3.3～4.2 m，有单层及多层（当时做到三层），也有用于四层的。单层砖拱拱厚为 1/2 砖，也有带空气隔层的双层砖拱，每层拱厚均为 1/4 砖，或底层为 1/2 砖，上层为 1/4 砖。例如：1972 年建成的某传达室（图 84），1973 年建成的地区影片发行公司门市部（图 85），1973 年建成的安邑盐务站汽车库（图 86，图 87），1974 年建成的某单位家属宿舍（图 88），1974 年建成的运城地区师范附校教

室（图 89），1974 年建成的某单位汽车库（图 90），1974 年运城地区师范附校厨房（图 91），还有一些多层的案例（图 92）等。

实践证明，由于采取扁平砖拱结构，用料省，施工简单，这些建筑的造价都比较低，室内也无压闷感（有声音的原因），平面布局合理，体验良好。特别值得一提的是，这些扁平砖拱的抗震性能非常好，在经过 1976 年 4 月的 7 度地震后，只是由于砂浆标号低而导致了部分墙体裂缝，而砖拱基本都没有任何裂缝。原因主要是砖拱本身在地震力作用下起着空间作用，水平力通过拱壳传到纵、横墙上，而砖拱建筑的纵横墙又比较多，本身刚度比较大，而且刚度分布比较均匀；有的砖拱建筑采用水平推力自身平衡的传力体系，纵横墙都有拉梁，每层拉梁都是封闭的，这两者对抗震都有利；另外，这些砖拱建筑都不高，一二层的居多。

2）倒悬链线扁平砖拱：加泰罗尼亚拱㊀倾向于倒悬链拱，其出现在巴塞罗那周边地区，这种拱很轻很薄，而且大多数拱高很低，有时只隆起跨度的十分之一，是扁平砖拱（图 93）。

加泰罗尼亚拱的施工工艺通常包括如下过程。第一层将薄砖/砌片边对边的用快凝高黏的纯石膏粘接起来。但因纯石膏在受潮的情况下力学性能会变弱，它并不适合作为拱的主要浆材。之后的几层，在砖与砖和层与层之间，用硅酸盐水泥砂浆（portland cement mortor）粘接。与纯石膏相比，硅酸盐水泥砂浆具有更高的强度，而且具有防水性。在施工的过程中，工匠将薄砖砌好后就用手抓着，直到他感觉石膏粘接好了。这一过程大约需要 45 s，然后就接着砌下一块砖（图 94）。首层砌好后，将高强砂浆泼洒在第一层的表面上，然后将薄砖边对边紧密的置入潮湿的砂浆层，保证没有通缝。在一次找回传统工艺的试验中，单层测试拱在砌筑完成的 4h 后，就可以承受集中荷载了（图 95）。

传统中，运用加泰罗尼亚拱技术的有穹顶、筒形拱、枕形拱（pillow-shaped vaults, 也称 four-pointed vaults）和楼梯拱（包括螺旋楼梯拱），甚至还有"平拱（flat vaults）"，也就是

㊀ 关于加泰罗尼亚拱的资料来源于：Eladio Dieste: innovation in instructural art Stanford Anderson, New York: Princeton Architectural Press, c2004.

图 84 传达室

图 85 地区影片发行公司门市部

图 86 安邑盐务站汽车库（一）

图 87 安邑盐务站汽车库（二）

图 88 某单位家属宿舍

图 89 运城地区师范附校教室

图 90 某单位汽车库

图 91 运城地区师范附校厨房

图 92 某两层楼

图 82—92 均出自《扁平砖拱建筑》（中国建筑工业出版社，1980）

水平方向叠片薄板，经常用来覆盖很小的跨度，通常不超过 1 m（图 96～图 98）。

由于加泰罗尼亚拱的轻薄，侧推力力小，拱本身所用所用的材料省，抗推力的构件也不需很大，再加上拱的施工不需要模板，加泰罗尼亚拱的整体造价不仅比钢筋混凝土结构的造价低，比其他拱的造价也要低。

尽管传统加泰罗尼亚拱在造价上具有一定的优势，但是其几何形状的确是由工匠的眼睛和经验决定的，这意味着它们的用量很可能比实际需要的要重，浪费了一定的材料。几何精力学的出现，尤其是倒悬链线的出现，将几何操作变得更加合理和科学。Rafael Guastavino（1842—1908）将几何静力学带入加泰罗尼亚拱中，倒悬链线技术可以将结构中的弯距降到最小，可以决定拱的最小允许厚度，减少材料的使用——这些拱典型的厚度约 76 mm，而且重量是传统做法的一小部分，这使加泰罗尼亚拱更为经济。另外，由于使用耐火黏土砌片，结构具有很强的耐火性，使结构的初始费用和全寿命费用比其他任何建造方法都低廉。Rafael Guastavino 于 19 世纪 60 年代晚期开始在巴塞罗那设计和建造很多大尺度的工业建筑，楼板和屋顶就是运用加泰罗尼亚拱技术。1881 年，他离开巴塞罗那移民到纽约，在那里创办了自己的公司。这家公司在随后的 70 多年里在北美建造了上千的拱结构建筑。图 99 是 Rafael Guastavino 设计的波士顿公共图书馆的砌片拱（暴露在外的是装饰性的砌片）。

密斯在设计巴塞罗那德国馆的基础时，为了赶工期及节约基础造价，也采用了加泰罗尼亚拱。标准断面的钢梁先被架设于横墙之间，以钢梁为限定利用砖起薄拱，在拱与钢梁之间所形成的沟槽中再灌以灰浆、水泥，使之表面平整，从而形成上部地坪以及钢柱的支撑平面（图 100）。密斯似乎不中意加泰罗尼亚拱的这种表现，于是将其掩埋。

柯布西耶在 1920 年设计了整体"monol"住宅（图 101、图 102）。这个预计批量生产的廉价住宅的屋顶和楼板是扁平拱，但不是用砖做的。楼板与顶棚用波形石棉板作模板，上浇大约几厘米厚的混凝土；波形板留在楼板与顶棚里形成隔离层。柯布西

图 93 加泰罗尼亚拱施工工艺，重绘

  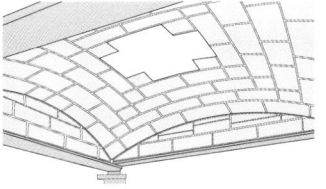

图 94 施工工艺（一）　图 95 施工工艺（二）　图 96 枕形拱，自绘

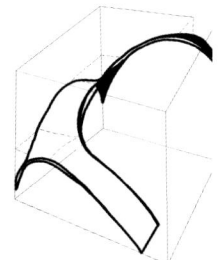 

图 97 楼梯拱，重绘　图 98 螺旋楼梯拱，藏于艾维利建筑与美术图书馆

图 99 波士顿公共图书馆砌片拱，藏于波士顿公共图书馆　图 100 巴塞罗那德国馆的基础

耶认为这是一项独创性发明，还试图申请专利。很可能是柯布西耶在游历时受到过加泰罗尼亚拱的启发。随后他屡次运用加泰罗尼亚拱（包括使用混凝土模仿加泰罗尼亚拱）（附表3-18）。纵观起来，柯布西耶对加泰罗亚拱的关注主要在其的经济性，结合钢筋混凝土在结构方面做了一些改进。

3.3.2 大跨度

1. 国外

在 Rafael Guastavino 的努力下，加泰罗尼亚拱充分地表现了材料、力学和几何形体的关系，也就意味着材料本身的力学性能已经成为结构发展的瓶颈。由于砖主要是受压材料，它的抗弯和抗剪性能很弱，于是加泰罗尼亚拱及其他拱所做的跨度就不能太大。乌拉圭建筑师兼结构师 Dieste（下文译作迪斯特）将钢筋以及预应力技术带入砖中，联合了砖的抗压和钢筋的抗弯，创造了钢筋砖⊖以及预应力钢筋砖，将传统的拱结构推上了新的高度，创造了砌块式的壳结构，使跨度得到了大大的提高（图103、图104），进而更大限度地节约水泥，降低工程的造价。迪斯特屡次中标的原因就是他的工程造价比别人的低得多。

图 105 是迪斯特创造的钢筋砖拱⊖施工时的情景。固定在模板上的小木条是为了确定砖的位置，形成的空隙在下一阶段会以钢筋和砂浆填充。图 106 是预应力砖施工的第二阶段，钢筋圈的设置用来吸收砖拱中的弯距。此时的砖拱还在模板的支撑之下。端部延长的锚是为了将钢筋的弯距更均匀地分布在砖拱中。图 107 是施工的第三阶段，工人用迪斯特改造汽车起重机而得到的简易工具给预埋钢筋施加预应力。

无数的结构试验验证了钢筋砖与钢筋混凝土在力学性能上非常类似。例如 1939 年英国建筑研究机构（the Building Research

---

⊖ 钢筋砖的名称类似钢筋混凝土的命名方式。它的组合方式是砖+砖缝中填充的钢筋和砂浆。

⊖ 以现代力学看，应属壳结构，但沿用原文献，以拱称之。资料来源：Eladio Dieste: innovation in instructural art Stanford Anderson, New York: Princeton Architectural Press, c2004。

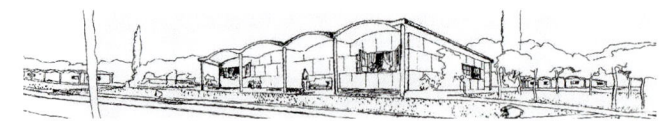

图 101 批量生产的"monol"住宅（1层），重绘

图 102 批量生产的"monol"住宅（2层），重绘

图 103 市政公共汽车总站的钢筋砖拱　　图 104 一仓库的钢筋砖拱，来源：Nicolas Barriola

图 105 钢筋砖拱施工（一），改绘　　图 106 钢筋砖拱施工（二），改绘　　图 107 钢筋砖拱施工（三），改绘

Station U.K.）的 Thomas 和 Simms 针对这两种材料的梁做了对比研究。结论是，钢筋砖与钢筋混凝土，在钢筋较少的情况下，有着几乎一致的力学与形变性质，这是因为此时结构被破坏主要是因为钢筋的屈服，而不是砖和混凝土。

钢筋砖与钢筋混凝土的力学性能一致，在完成相同的大跨度时，由于砖的自重轻，迪斯特还以空心砖代替实心砖（图108），使其自重更轻，且砖比混凝土便宜，使钢筋砖在造价上远远优于钢筋混凝土。这一思路类似以上文所谈的无筋砌体墙向配筋砌体墙的转变。

另外，迪斯特通过进一步的几何操作，在他的钢筋砖独立拱的基础上创造了高斯拱（图109、图110），这使得拱结构的跨度更大，从而在更大限度内节约水泥，进而降低工程的造价。高斯拱在横断面上是由一系列连续变化的倒悬链线构成，这保证了横向上的受力是最合理的；同时，纵向的波动在拱点处完全平直，方便了与墙体的交接；越往中心，也就是法向弯曲越大的地方，隆起越高，加强了抵抗能力。经此集合操作，迪斯特使拱的跨度从独立拱的 15.24 m 扩大到了近 50 m。

除此之外，西方另一位做过大跨度拱顶尝试的现代建筑师就是高迪。他在设计 Sagrada Familia 学校时运用的是劈锥曲面拱顶（图 111）。屋顶的椽子以中心的直梁为轴摆动出正弦曲线。高迪的目的是为了得到便于排水且廉价的"平"屋顶。迪斯特曾受高迪的影响，取高迪的屋顶的一半并旋转 90° 运用在墙体结构部分。

2. 国内

我国为了节省钢材、木材、水泥，降低造价，在建造大跨度房屋时，大力推广双曲砖拱壳结构，建成了 10.5m×11.3m 的扁球形砖壳屋盖，16m×16m 的双曲扁球形砖薄壳和直径 40m 的圆形球砖壳。20 世纪 60 年代南京用带勾空心砖建成了 14m×10m 双曲扁壳屋盖仓库，直径 10m 的圆形壳屋盖油库，在西安建成了 24m 双曲扁壳屋盖等。20 世纪 70 年代我国还在闽清梅溪大桥工程中建成了 88m 跨的（混凝土肋）双曲砖拱桥。

同济大学在做当时的机电实验室时，张问清教授做了相关的研究，他曾对全国（北京、济南、上海、天津等地）自 1953 年以来为了节约钢材、木材、水泥而兴造的一批双曲线砖拱进行调查研究，成文《双曲砖拱的调查和研究》，主要是针对破坏形式进行的研究。到目前我只有文字资料，还没有找到相关的图纸或照片资料，因此对详细施工情况、构造情况不清楚。但从张问清教授的文章大致可以知道当时的双曲砖拱的形状特征（图 112、图 113）。

在砌体拱和砌体壳建筑方面，空心砖的应用也带来了可观的经济效益。我国所用的空心砖叫带勾空心砖⊖，这种空心砖的顶

⊖ 以下关于带勾空心砖拱壳结构造价的资料参考：宛金生. 新型空心砖及其应用. 技术与交流.《陕西建材》维普资讯 http://www.cqvip.com.

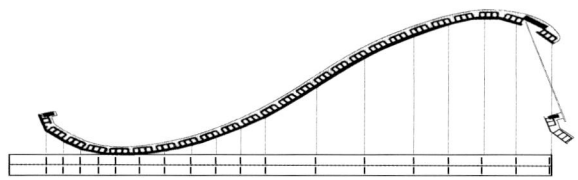

图 108 钢筋空心砖拱关键截面，重绘

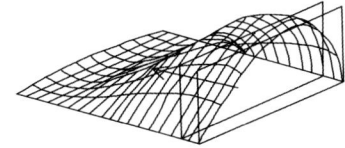 

图 109 高斯拱的原理图，重绘　　图 110 连排高斯拱建筑，Eladio Dieste

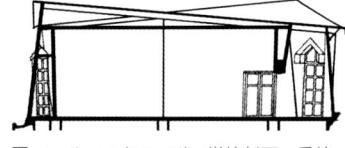

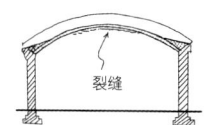

图 111 Sagrada Familia 学校剖面，重绘　　图 112 一双曲拱的剖面，重绘

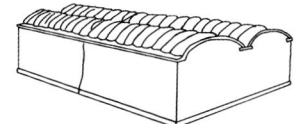

图 113 两个双曲砖拱的组合拱建筑，重绘　　图 114 带勾空心砖示意，重绘

面有一端带勾，一端带凹槽（图 114）。这种砖与砖之间的相互咬合，可以起到临时悬挂作用，因此施工时间可省去大量支撑模板。为解决错缝问题制作错缝带勾砖，其厚度、长度不变，宽度缩小一半。带勾空心砖主要砌筑各种类型的壳体拱体结构，有时可不用模板直接砌筑。

3.4 低技低造价砖建造的蜕变可能

上文已零零散散介绍了一些低技低造价砖建造蜕变的可能性。下面以两个典型的建筑师，印度英裔建筑师 Laurie Baker 和乌拉圭建筑师 Dieste 为例，结合作者的一些拓展思考来窥探低技低造价砖建造的蜕变可能。

3.4.1 Laurie Baker 的蜕变

通常一谈到低技低造价建房，容易想到贫穷、简陋、质量差。而且以前国内关于 Baker 的文章[一]也仅关注 Baker 与贫穷农村的关系，把 Baker 说成是穷人的建筑师，我认为这里面可能或多或少忽略了一些东西或对 Baker 在认识上存在一定程度的偏差。

其一：Baker 倡导低造价，为普通人盖房子。仅因为 Baker 关注低造价同时为许多穷人盖过房子，就将低技低造价建房与穷人建房等同起来，是有问题的。因为 Baker 这里的普通人不是庸俗地完全由经济来决定的。比如他同时也用相同的建筑方式为许多富人、社会地位高的人盖房子：Sivanandan 宅，其男主人是文职人员，女主人为政府的总工程师；Nalini Nayak 宅，其主人为非常著名的社会工作者；Lt.Col.John Jacob 宅，其主人为退休的上校军官等。就此，Baker 自己也曾明确地说过："低造价房子不只是为穷人，而是为所有人。将低造价房子与穷人的房子和看上去糟糕的房子等同起来明显是错误的。难道贵族和中产阶级没有责任停止沉湎于奢侈的、建造得更加好看的房子么？这整个分类都是错误的。"[二] 这里的"好看"与低造价的房子联系在一起蕴涵着更为深层的意义：低造价建房已经超脱了贫穷、富裕等简

图 115 Loyola 小礼拜堂的光

图 116 贝克自宅——哈姆雷特起居室入口、走廊、院子环境

图 117 哈姆雷特走廊及室外环境

单的经济范畴，而是一种崇高的精神追求和生活理念，低造价建房崇尚的是简朴、自然，是以最直接的方式去生活、去设计。

正如柯布西耶在完成一系列低造价房子后所说："人们以为可以公开斥责：朴实即贫乏。可那不过是些无能之辈，他们不能于朴实之中辨识辉煌，正如他们不能以朴实来创造辉煌。"[二] Baker 的建筑实践很好地诠释了他思想的结晶，他以低技低造价的建筑方式创造出了安静、舒适，甚至是辉煌、神圣、高贵的建筑氛围，以低造价的建筑方式盖出了一个个宫殿般的房子。我们仅从他塑造的光环境（图 115）、建筑与自然的关系中便可察觉一二（图 116、图 117）。

其二：低造价是 Baker 建筑设计的一个切入点，但并不是追求纯粹的经济学意义的最低造价，而是在具体要求（功能的或一

[一] 《新建筑》2004.No1.P.71-74，"大地之子——英裔印度建筑师老里·贝克及作品评述"，彭雷，华中科技大学建筑与城市规划学院。"贝克的启示—试论中国建筑本土化道路"wuyapeng，http://www.zhuoda.org/yapeng/44128.html。

[二] "Laurie Baker's creative journey" by JOGINDER SINGH and SHRINIVAS WARKHANDKAR。

[三] W.博奥席耶，O.斯通诺霍．牛燕芳，程超，译．勒·柯布西耶全集（第四卷），中国建筑工业出版社，2005年4月第一版，第145页。

定精神的）下做到尽量降低造价或者说是在低造价首要原则下做出高品位的设计。我们以 Baker 的自宅为例来看，由于砖大小不一，外墙做平整后，内墙有凹的地方，Baker 没有把内墙面全抹灰找平，而是只把凹的地方填灰找平，他认为这样就是低造价设计。可是这里 Baker 有个前提（很大程度上是美学方面的），平，且是室内墙面平，如果室内墙面不取平，那么连凹的地方也不用填灰了。或者室内墙面取平而室外墙面任其自然不平，那么任何抹灰都不需要了，岂不更省钱？可 Baker 没有那样做。

Baker 给我们的是一种精神追求的启示，低技、低造价建造是 Baker 建筑设计的一个切入点，是简朴的途径，也是结果，它超脱了贫富的范畴。如果我们了解 Baker 的经历和思想渊源就会很清楚。Baker 从小深受教友派信徒（Quaker）家庭简单朴素作风的影响，拒绝装饰和奢侈，在他受建筑学教育期间，风靡的现代主义理论又加强了这种信仰。后来，Baker 在印度见到圣雄甘地，甘地的朴素、简单、直率又深深地吸引了他。

由此可见，Baker 的建筑设计已经从纯粹的低技低造价的建造中蜕变出来。

3.4.2 Dieste 的蜕变

在 Dieste 的职业生涯中，大多数成功的竞标并不是因为建筑优美，而是因为他的方案造价最低，这与乌拉圭这个国家的基本国情密切相关——工业不发达。可对于建筑师 Dieste 本人来说，其对建筑的追求不止这些。

其一：Dieste 认为，我们所建造的事物必须要能体现他所说的造物法则，也就是要与这个世界深刻的秩序或法则（order）相吻合。对此，Dieste 举了一个生动的例子。有人要向一位农夫买一头牛，农夫说他不能卖，因为这头牛还没长到屠宰的时候，屠宰者说他愿意付牛适合屠宰时的价格，但农夫依然不肯。由此可见，Dieste 在造价之上还有另外的法则——造物法则（Cosmic Economy）。我们从其塑造的光环境可窥一二（图 118～图 120）。

图 118 光环境（一），来源：Nicolas Barriola　图 119 光环境（二），来源：Karen Bentancor　图 120 光环境（三），来源：Karen Bentancor

其二：Dieste 的低技低造价原则中蕴含着他对工业的某种不满，至少也是一种警惕。他在发表的文章 Architecture and Construction 里写道：工业革命给人们带来很多，人类有强大的能力去改变这个世界，但与之伴随的还有极大的不公正，正是人们对这种不公正的猛烈愤慨，使得世界上蔓延着毁灭性的疯狂。他还说，根本无须阅读历史就能获得这种认识，在法国东北部的一个工业城市工作的一个月，已经让他无法忘记那一排排糟糕的住宅，那种安稳的舒适使得这些可怜的人们直到今天都没有得到人性的对待，这里所说的可不只是对穷人的剥削。他感慨这些住宅只是动物性的舒适，而无半点迹象表明这是与星辰对话的人类设计的。

由此可见，Dieste 已经从纯粹的低技低造价的建造中蜕变了出来。

3.4.3 关于部分低技低造价砖建造的蜕变设计思考

1. 空心砖楼板的蜕变设计思考

前文详细考察了空心砖楼板的设计特点，那么能否做进一步的设计，从而从纯粹的低技低造价建造中蜕变出来呢？

（1）水步廊

1）设计起点：在做园林的廊时，若模仿传统方式进行，尽管有曲折设计，但由于材料、结构、施工方式的限制，其不够灵活。若以钢筋混凝土结构做廊，做坡顶，不免停留于模仿和呆滞；以石棉瓦代替小青瓦，虽有一定的屋顶纹理，但终因材料本身的限制而不够灵活、丰富；做成平顶，传统瓦屋顶的妙处将丧失殆尽。上述几种方式的造价，除石棉瓦外都不会太低。

2）**设计要点**：采用空心砖楼板做廊的屋顶，充分利用其造价低和韵律感的特点。

廊的宽度灵活变化，由单纯的"廊"扩展到较为模糊的"廊亭"。屋顶空心砖在跨度大的地方较疏，跨度小的地方较密（符合结构逻辑）。廊的宽度变化与空心砖韵律的变化共同作用，使其内部的行走体验与水流的运动产生通感（图121）。

跨度大的地方支撑的圆柱较密（80～100mm 空心圆钢管，或竹子内灌水泥及筋），跨度小的地方圆柱较疏（符合结构逻辑）。柱子的疏密（运动）趋势与上述屋顶和平面的趋势相反，衬托出各自的运动（相对运动原理）（图122）。

屋顶做起伏相对比较困难，但地平面较易。因此，将廊的地平做成有坡度的，平面宽度较窄处的标高高一些，宽度较宽时平缓一些，以此来加强空间的流动感（图123）。

由于是廊，屋顶可将空心砖暴露出来，无须抹灰，有机理蜿蜒之感。

此时不管身在其内还是身在其外，运动与静止之间的转化在此显现，水的意象得到体现（图124）。

（2）侧立空心砖楼板 上文所述的空心砖楼板中的空心砖之所以不会脱落，主要是由于空心砖与水泥之间的摩擦力，也就是说只要保证摩擦力足够大，空心砖就不会脱落。这里的摩擦力主要由接触面积决定，于是问题就转化成只要保证足够的接触面积，空心砖就不会脱落。由此，我们可以将空心砖侧立起来做楼板设计。

图125、图126 所示的空心砖楼板侧面可进入光线，将楼板照亮，塑造一种特殊的楼板形象。图127 所示的楼板将空心砖侧立并与拱结构结合，创造跨度更大的空心砖藻井。图128 为望水亭屋顶，将侧立空心砖楼板中的空心砖按水波形排布，在平整处留洞，即成"水波顶"，如果地面有真水相伴，便可亦真亦假，使人浮想联翩。

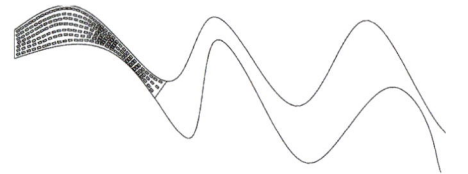

图121 总平面（只画局部的空心砖示意，模型为亦此段示意），自绘

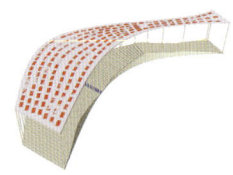

图122 水步廊部分俯视模型，自绘

图123 透视模型（一），自绘　图124 透视模型（二），自绘

图125 侧立空心砖楼板（一），自绘

图126 侧立空心砖楼板（二），自绘

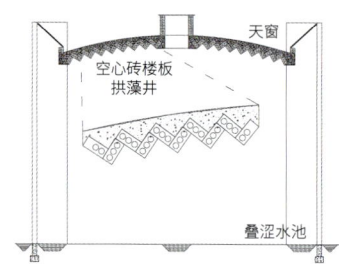

图127 空心砖藻井，自绘

图128 望水亭屋顶示意，自绘

2. 抛物线扁平拱的蜕变设计思考

虽然前文已经阐述了扁平拱的建造方法，但是，我们仍然缺乏倒悬链线扁平拱的施工经验。因此，倒悬链线扁平拱的应用还需慎重。不过，我们已经掌握了抛物线扁平拱的施工技术，那么能否使用低技低造价的抛物线扁平拱建造技术进行设计，从而从纯粹的低技低造价建造中蜕变出来呢？下面介绍一个笔者的乡村小教堂的设计。预算比较少，采用抛物线扁平拱，将其叠加错位，通过控制光线的进入来塑造室内的光环境，进而创造出安静祥和的室内气氛（图 129、图 130）。

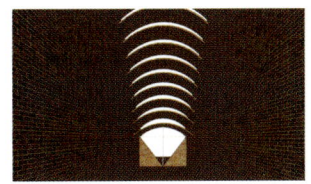

图 129 屋顶，自绘

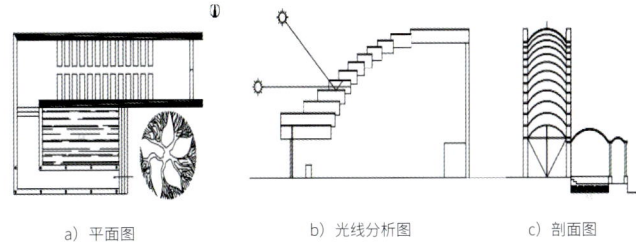

a）平面图　　b）光线分析图　　c）剖面图

图 130 乡村小教堂设计，自绘

3.5 本章小结

本章从低造价墙体设计、低造价的砌体"过梁"设计，低造价的楼板和屋盖设计、低技低造价砖建造的蜕变可能 4 方面详细考察了低技低造价砖的建造方法，同时将相关建筑师的拓展做法加以分析比较。

在此基础上，以建筑师 Laurie Baker 和 Dieste 以及笔者的拓展思考为例，观察低技低造价的砖建造的蜕变可能。由此发现：低技低造价的建造原则可能只是建筑设计的一个切入点，或其他更高的发展目的的一个载体。

回顾本书在开篇提出的两个研究目的：①通过对"土与砖"这两种材料的低技、低造价建造研究，试图为经济不发达地区提供行之有效的建筑方法。②也许正是材料自身的特征以及低技、低造价的限制使设计蕴含着智慧，这些智慧值得我们不断玩味，成为创作的源泉，再加上文化、建筑思潮、现代工艺等因素的渗入，建筑设计可能就从纯粹的低技、低造价的建筑原则中蜕变出来，而低技、低造价的建造方法也许只是建筑设计的一个切入点、启发点或更高目的的一个载体。

4.1 目的一

土与砖这两种材料是很多地区较常见的材料，因此其低技低造价的建造方法就具有较强的推广价值。经过第2章、第3章的详细研究，在文本上搭建低技低造价的建筑模型，或者换句话说就是在文本上盖了一遍房子，以此方式完成研究目的一。

4.2 目的二

土与砖这两种材料低技、低造价建造的蜕变可能在每一章中分别谈过一些。待本书完成之际，还可发现一个规律：在大多数情况下，建造方式并没有发生本质的变化，只是发生了材料的置换，在引入新材料的同时，体现出建筑的不同特性。譬如，我们可从字面上看出混凝土、水泥与泥土的关系，石块、土坯砖、黏土砖、混凝土砌块等之间的关系。由低技、低造价的限制而产生的设计智慧因此联系才有蜕变的可能，从而进入更广泛的建筑设计领域。于是，可将低技、低造价建造方式蜕变的可能方向加以总结（图1），图中的各项非绝对割裂，只是程度或侧重点不同。其实，它们在一定的背景下可互相转化兼顾兼容，为了叙述方便才分项

第4章 总结与讨论

列出。如此完成研究目的二。

4.3 未来展望

　　与十五年前相比，当初的匠人很多已经老迈，原先的工艺面临失传，建造中的人工费也翻了几番，在总造价中所占比例越来越大。因此，当初低技、低造价的建造方式于当下而言，可能许多做法已不再是低技、低造价了。然而，以这些材料为切入点的建造方式所蕴含的智慧并不过时，尤其是在技术、造价等条件的限制下建筑师的思考方法。这些技艺不需要高科技，而是借助普通的工具及稍加培训的劳动力即可完成，不仅环保低碳，还舒适宜人，同时还具有强烈的建筑表现性。这些智慧、诗意的建造，与弗兰姆普敦的"建构"遥相呼应，能引发对森佩尔"材料置换理论"的遐思，很可能也是通往海德格尔"诗意栖居"的"羊肠小道"。另外，或许还能对当下如火如荼的乡建有所助益，激发人们反思何谓环保、何谓低碳。

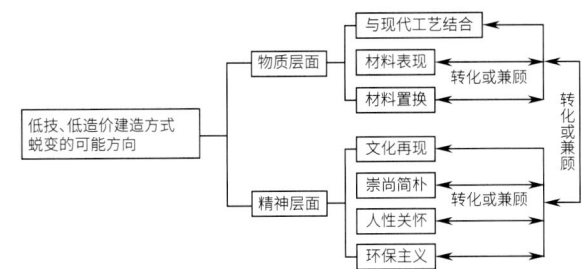

图 1 低技、低造价建造方式蜕变的可能方向，自绘

附表

附表 2-1　建筑物黏土部分南立面大修前的约计使用年限

抗水性 / min	使用年数							
	基础	未镶面的墙角	镶过面的墙角；大块墙壁	抹泥的篱笆墙	大块黏土墙的抹泥	厚10cm的屋面	墙壁抹灰	抹灰刷白
5~6	100~150	1~2	40~70	1~4	1~3	不适用	1/2~1	1/2
7	200	3	100	5	4	7	2	1
20	400	5	200	12	7	15	5	2
45	600	7	300	25	10	25	7	3
60	800	9	400	50	15	35	10	4

注：1. 参考《土坯建筑》绘制。
　　2. 当黏土用人工方法提高其抗水性以后，折旧期限可予以延长；北立面的耐用年限约比南立面长一倍。

附表 2-2　吸水率比较

乳化沥青加固土坯	0.5%~3%
木材	4%~8%，可高达15%
普通混凝土	8%
水泥灰泥	8%~11%
烧制黏土砖	8%~12%
轻质水泥砖	20%~25%
泥土砖毛坯	25%~30%

注：资料来自《新乡土建筑——当代天然建造方法》。

附表 2-3 各类土坯墙最适用的指标

指标名称	土砖坯墙	整体浇筑土坯墙	坯料垛墙	土坯膏+树枝墙	土坯膏+茎秆墙	土坯膏+篱笆墙	黏土墙+多麦秆墙
中等气候（莫斯科）的外墙厚/cm	60~65	60~65	60~65	40~50	30~40	35~45	60~80
正常维修下之使用年限/年	60~200	100~300	100~300	50~200	30~100	25~70	5~10
对土壤反浆之反应	不稳定	稳定	不稳定	稳定	稳定	稳定	不稳定
每立方米的劳动量/工时	9.7	5.0	5.0	7.6	7.0		
每平方米的劳动量/工时	6.0	3.1	3.1	3.4	2.5		
沉陷度/(%)	2~3	9	8	1/2~1	1~2	0	5~10
居住前的干燥时间/月	1~2	4~12	4~12	4~12	4~12	0.5~1	1~3，取决于草泥的干燥度

注：资料来自《土坯建筑》。

附表 2-4 容量对于热传导系数与墙壁变薄的关系

容量/(kg/m³)	热传导系数(λ)	变薄系数(k=0.7; λ)	容量/(kg/m³)	热传导系数(λ)	变薄系数(k=0.7; λ)
0.1	0.03	23.33	1.4	0.42	1.67
0.2	0.04	17.50	1.5	0.47	1.49
0.3	0.06	11.67	1.6	0.52	1.35
0.4	0.08	8.75	1.7	0.57	1.23
0.5	0.10	7.00	1.8	0.64	1.10
0.6	0.13	5.38	1.9	0.70	1.00
0.7	0.16	4.40	2.0	0.75	0.93
0.8	0.18	3.90	2.1	0.82	0.85
0.9	0.23	3.04	2.2	0.88	0.80
1.0	0.27	2.60	2.3	0.95	0.74
1.1	0.30	2.33	2.4	1.01	0.69
1.2	0.35	2.00	2.5	1.07	0.65
1.3	0.38	1.84	2.6	1.13	0.62

注：资料来自《土坯建筑》。

附表 2-5 保温能力相同时，土坯墙或别种墙应比砖墙减薄或加厚的倍数

麦秆数量/(kg/m³)	干土坯的容量/(kg/m³)	当湿度 5% 时的热传导系数	保温能力相同时应比砖墙薄或厚的倍数
0	2.00	0.80	1.12
10	1.85	0.75	1.07
20	1.75	0.70	1.00
30	1.65	0.66	0.95
40	1.60	0.61	0.87
50	1.53	0.56	0.80
60	1.50	0.52	0.74
70	1.45	0.48	0.69
80	1.40	0.42	0.60
90	1.36	0.40	0.58
100	1.33	0.39	0.56
110	1.30	0.38	0.54

注：资料来自《土坯建筑》。

附表 2-6 常用干燥材料的容量

材料	容量/(t/m³)	材料	容量/(t/m³)
揉捏的无麦秆黏土膏	1.80~1.90	木材	0.50
草原黑土	0.80~0.90	带气孔的锯末	0.22
筛过的生长植物土壤	1	有孔隙的未压碎麦秆	0.20
草泥	1.00~1.30	无孔隙的麦秆材料	0.25
磨细的含砂垆坶	1.37	无气孔的麦秆粉	0.30
锅炉渣	0.80~0.90	有孔隙的未压碎玉米茎秆	0.20
散砂	1.40~1.60	压碎的玉米茎秆材料	0.25
石英（石块）	2.50	未压碎的芦苇	0.20
石灰石	2.20~2.40	未压碎的向日葵茎秆	0.19
密实的红岩石块	2.40	无气孔的压碎向日葵茎秆材料	0.22
红砖	1.80~1.90		

注：资料来自《土坯建筑》。

附表 3-1 水平地震影响系数最大值

地震影响	6度	7度	8度	9度
多遇地震	0.04	0.08(0.12)	0.16(0.24)	0.32
罕遇地震	0.28	0.50(0.72)	0.90(1.20)	1.40

注：括号中数值分别用于设计基本地震加速度为 0.15g 和 0.30g 的地区。

附表 3-2 房屋的层数和总高度限值

房屋类别		最小抗震墙厚度/mm	烈度和设计基本地震加速度											
			6		7				8				9	
			0.05g		0.10g		0.15g		0.20g		0.30g		0.40g	
			高度/m	层数	高度/m	层数	高度/m	层数	高度/m	层数	高度/m	层数	高度/m	层数
多层砌体房屋	普通砖	240	21	7	21	7	21	7	18	6	15	5	12	4
	多孔砖	240	21	7	21	7	18	6	18	6	15	5	9	3
	多孔砖	190	21	7	18	6	15	5	15	5	12	4	—	—
	小砌块	190	21	7	21	7	18	6	18	6	15	5	9	3
底部框架-抗震墙砌体房屋	普通砖多孔砖	240	22	7	22	7	19	6	16	5	—	—	—	—
	多孔砖	190	22	7	19	6	16	5	13	4	—	—	—	—
	小砌块	190	22	7	22	7	19	6	16	5	—	—	—	—

注：资料来自《建筑抗震设计标准》（GB/T 50011—2010）。

附表 3-3 两单元三类住宅造价

层数	套数	结构形式	估算公式 (元/m²)×(m²)×(套)	总造价/元
6	24	砖混	600×70×24	1008800
7	28	砖混加混凝土墙	850×70×28	1666000

注：资料来自《高烈度地震区住宅工程设计与施工》。

附表 3-4 框轻结构、混凝土承重空心砌块结构的工程概况表

项目	框轻结构	混凝土承重空心砌块结构
建筑面积/m²	5424	5424
单位土建工程面积造价/(元/m²)	928	854.92
内、外墙、柱、单平方造价/(元/m²)	180.98	115.32
地上层数	6	6
地下层数	1	1
结构类型	框轻结构	混凝土承重空心砌块结构
基础类型	满堂基础	满堂基础
外墙类型	加气混凝土砌块墙、抹灰、刷外墙涂料	混凝土小型承重空心砌块、勾缝、刷憎水剂
内墙类型	陶粒混凝土空心砌块	混凝土小型承重空心砌块
楼板类型	现浇楼板	现浇楼板
屋面防水做法	SBS 防水	SBS 防水
标准层高/m	2.85	2.85
建筑高度/m	21.6	21.6

注：资料来自《混凝土小型空心砌块砖混结构与框轻经济对比分析》。

附表 3-5 框轻结构主要实物量表

名称	实物量	名称	实物量
外墙/m³	592.780	水泥 325#/t	16.753
内墙/m³	238.860	中砂/t	644.138
钢筋混凝土墙/m³	169.130	碎石/t	790.060
钢筋混凝土柱/m³	409.990	木模板/m³	3.277
钢材/t	109.175	组合钢模/kg	5346.277
水泥 425#/t	223.502	加气混凝土砌块/m³	826.320

注：资料来自《混凝土小型空心砌块砖混结构与框轻经济对比分析》。

附表 3-6　混凝土空心砌块结构主要实物量表

名称	实物量	名称	实物量
外墙 /m³	785.480	水泥 325#/t	5.893
内墙 /m³	318.350	中砂 /t	488.498
钢筋混凝土柱 /m³	371.930	碎石 /t	482.610
钢材 /t	29.641	钢筋网片 /t	4.476
水泥 425#/t	156.507	混凝土承重砌块 /m³	1118.600

注：资料来自《混凝土小型空心砌块砖混结构与框轻经济对比分析》。

附表 3-7　蒸压粉煤灰砖配筋砌块砌体剪力墙结构直接工程量
（按 1994 年浙江省定额预算计算）

定额号	定额名称	单位	工程量	单价/元	合计/元
4-41	蒸压粉煤灰砖	m³	78.70	184.00	14480.80
4-44	墙体钢筋网	t	5.47	3445.00	18844.15
5-177	普通钢筋	t	0.67	3174.00	2126.58
19-5	（册说明）锰钢价差	t	5.02	391.00	1962.82
5-3	构造柱 C30(40)	m³	4.32	912.90	3943.73
5-8 换	圈梁 C30(40)	m³	9.85	740.10	7289.99
5-5 换	单梁、连续梁、框架梁 C30(40)	m³	4.32	1068.90	4617.65
5-16 换	平板 C30(40)	m³	36.84	769.05	28331.80
5-31 换	整体形楼梯 C30(40)	m³	10.80	179.12	1934.50
14-41	砖墙面抹混合砂浆	m³	828.42	6.64	5500.71
8-1	地面钢筋网细石混凝土（厚4cm）	m³	304.45	20.15	6134.67
15-5	现浇有梁混凝土面顶棚石灰砂浆面层	m³	356.29	5.00	1781.45
合计 /元					96948.84

注：资料来自《住宅科技》2005 年第 3 期。

附表 3-8　加气混凝土砌块为填充墙的短肢钢筋混凝土力墙结构直接工程量
（按 1994 年浙江省定额预算计算）

定额号	定额名称	单位	工程量	单价/元	合计/元
4-41	加气混凝土砌块墙	m³	48.90	184.00	8997.60
4-44	绑扎钢筋	t	0.08	3445.00	275.60
5-177	普通钢筋	t	1.13	3174.00	3586.62
19-5	（册说明）锰钢价差	t	8.51	391.00	3327.41
5-2 换	异形柱 C30(40)	m³	10.32	1101.30	11365.42
5-5 换	单梁、连续梁、框架梁 C30(40)	m³	28.42	1068.90	30378.14
5-16 换	平板 C30(40)	m³	30.88	769.05	23748.26
5-25 换	钢筋混凝土直形 20 上 C30(40)	m³	30.52	776.80	23700.17
5-29 换	电梯井壁 C30(40)	m³	7.25	878.70	6370.58
5-31 换	整体形楼梯 C30(40)	m³	10.80	179.12	1934.50
14-41	砖墙面混合砂浆	m³	407.50	6.64	2705.80
14-42	砖墙面混合砂浆	m³	302.08	7.60	2295.81
8-49	楼地面无筋细石混凝土找平层（厚4cm）	m³	356.29	8.18	2914.45
15-5	现浇有梁混凝土面顶棚石灰砂浆面层	m³	356.29	5.00	1781.45
合计 /元					123381.80

注：资料来自《住宅科技》2005 年第 3 期。

附表 3-9　钢筋矿渣混凝土空心砖单跨楼板的最大允许计算跨度

肋的高度 (cm)	钢筋数量及直径 /cm	肋的宽度 /cm	全部荷重 (kg/m²) 为下述各值时的允许跨度 (m)						
			500	550	600	650	700	750	800
196	2Φ10	80	3.2	3.0	2.9	2.8	2.7	2.6	2.5
	2Φ12	80	3.7	3.5	3.4	3.2	3.1	3.0	2.9
	2Φ14	110	4.1	3.9	3.8	3.6	3.5	3.4	3.3
250	2Φ10	80	3.4	3.3	3.2	3.1	3.0	2.9	2.8
	2Φ12	80	4.0	3.8	3.7	3.6	3.5	3.3	3.2
	2Φ14	90	4.5	4.3	4.2	4.0	3.9	3.8	3.7
	2Φ16	110	4.9	4.7	4.6	4.5	4.3	4.1	4.0

注：资料来自《住宅科技》2005 年第 3 期。

附表 3-10　钢筋矿渣混凝土空心砖连续跨楼板的最大允许计算跨度

肋的高度 (cm)	钢筋数量及直径（cm）				肋的宽度 (cm)	全部荷重（kg/m²）为下述各值时的允许跨度（m）								
	跨度内		支座上			500	550	600	650	700	750	800	850	900
	边跨	其他各跨	1 及 n	其他										
196	2Φ10	2Φ8	1Φ10+1Φ8 +1Φ8	2Φ8 +1Φ8	80	3.7	3.6	3.4	3.3	3.1	3.0	2.0		
	2Φ12	2Φ10	1Φ12+1Φ10 +1Φ8	2Φ10 +1Φ8	80	4.3	4.1	3.0	3.8	3.6	3.5	3.4		
	2Φ14	2Φ10	1Φ14+1Φ12 +1Φ8	2Φ12 +1Φ8	110	4.8	4.6	4.4	4.3	4.1	4.0	3.8		
250	2Φ10	2Φ8	1Φ10+1Φ8 +1Φ8	2Φ8 +1Φ8	80			4.0	3.0	3.7	3.6	3.5	3.4	3.3
	2Φ12	2Φ10	1Φ12+1Φ10 +1Φ8	2Φ10 +1Φ8	80			4.6	4.5	4.3	4.2	4.0	3.9	3.8
	2Φ14	2Φ12	1Φ14+1Φ12 +1Φ8	2Φ12 +1Φ8	80			5.3	5.1	4.0	4.7	4.5	4.4	4.3
	2Φ16	2Φ14	1Φ16+1Φ14 +1Φ8	2Φ14 +1Φ8	110			5.8	5.5	5.3	5.2	5.0	4.9	4.7

注：资料来自《空心砖楼板及砖过梁》。

附表 3-11　钢筋陶土空心砖单跨楼板的最大允许计算跨度
（依主钢筋直径之大小而定）

肋的高度 (cm)	钢筋数量及直径（cm）	全部荷重（kg/m²）为下述各值时的允许跨度（m）					
		500	600	700	800	900	1000
196	1Φ8	2.2	2.0	1.9	1.8	1.7	1.6
	1Φ10	2.8	2.5	2.3	2.2	2.0	1.9
	1Φ12	3.3	3.0	2.8	2.6	2.4	2.3
	1Φ14	3.7	3.4	3.2	3.0	2.8	2.6
	1Φ16	4.2	3.9	3.6	3.3	3.1	3.0
	1Φ18	4.2	4.2	3.9	3.6		
250	1Φ8	2.7	2.5	2.3	2.1	2.0	1.9
	1Φ10	3.3	3.1	2.8	2.6	2.5	2.4
	1Φ12	4.0	3.6	3.4	3.1	3.0	2.8
	1Φ14	4.6	4.2	3.9	3.6	3.4	3.2
	1Φ16	5.1	4.7	4.3	4.1	3.8	3.6
	1Φ18	5.7	5.2	4.8	4.5	4.2	4.0

注：资料来自《空心砖楼板及砖过梁》。

附表 3-12　钢筋陶土空心砖连续跨楼板的最大允许计算跨度
（依主钢筋直径之大小而定）

肋的高度 (cm)	钢筋数量及直径（cm）				全部荷重（kg/m²）为下述各值时的允许跨度（m）					
	跨度内		支座上		500	600	700	800	900	1000
	边跨	其他各跨	1 及 n	其他						
140	1Φ8	1Φ8	1Φ8	1Φ8	2.5	2.4	2.2	2.1	2.0	1.9
	1Φ10	1Φ10	1Φ10	1Φ10	3.2	3.0	2.7	2.6	2.4	2.3
	1Φ12	1Φ12	1Φ12	1Φ12	3.9	3.5	3.3	3.0	2.9	2.7
	1Φ14	1Φ14	1Φ14	1Φ14	4.4	3.9				
	1Φ16	1Φ16	1Φ16	1Φ14	5.0					
190	1Φ8	1Φ8	1Φ8	1Φ8	2.9	2.7	2.5	2.3	2.2	
	1Φ10	1Φ10	1Φ10	1Φ10	3.9	3.6	3.3	3.1	3.0	2.8
	1Φ12	1Φ12	1Φ12	1Φ12	4.7	4.3	4.0	3.7	3.5	3.3
	1Φ14	1Φ12	1Φ14	1Φ12	5.4	4.9	4.5	4.2	4.0	3.8
	1Φ16	1Φ14	1Φ16	1Φ14	6.0	5.5	5.1	4.8		
	1Φ18	1Φ16	1Φ18	1Φ16	6.7	6.1				

注：资料来自《空心砖楼板及砖过梁》。

附表 3-13　矿渣混凝土空心砖多肋楼板与钢筋混凝土肋状楼板的材料用量比较（以每平方米结构楼为单位）

项目	单位	矿渣混凝土空心砖多肋楼板	钢筋混凝土肋状楼板
250 号水泥	kg	26.5	32.0
砂	m³	0.015	0.027
碎石	m³	0.016	0.033
矿渣	m³	0.210	0.190
石灰	kg	0.5	0.5
钢筋	kg	9.0	9.0
重量	kg	228.0	260.0

注：资料来自《空心砖楼板及砖过梁》。

附表 3-14 钢筋陶土空心砖多肋楼板的材料用量
(以每平方米结构楼板为单位)

项目	单位	数量
陶土空心砖	块；m^3	20；0.16
混凝土（R28=130）	L	22
砂	m^3	0.024
碎石	m^3	0.034
250号水泥	kg	9.5
石灰	kg	1.5
石膏	kg	2.8
钢筋	kg	6.5
三等成材	m^3	0.007
钉	kg	0.4
重量	kg	244.0

注：资料来自《空心砖楼板及砖过梁》。

附表 3-15 钢筋混凝土肋状楼板与空心砖楼板比较

肋状楼板	填充料（空心砖）类型及尺寸	楼板厚度/cm	楼板重量/(kg/m^2)	每平方米楼板内主要材料用料				劳动量/(%)	造价/(%)
				混凝土/m^3	钢筋/kg	空心砖/(块/m^3)	成材/m^3		
钢筋混凝土肋状楼板		470	380	0.110	9.6		0.06.0	100.0	100.0
空心砖楼板	矿渣混凝土三孔空心砖 196×400	320	430	0.050	7.0	9.70/0.165	0.008	76.5	77.0
	矿渣混凝土三孔空心砖 196×400	310	425	0.077	8.0	9.70/0.165	0.008	77.0	81.0

注：资料来自《空心砖楼板及砖过梁》。

附表 3-16 屋盖经济指标分析

屋盖形式	双层砖拱（矢高1/10）	单层砖拱（矢高1/10）	双层砖拱（矢高1/10）	半圆砖拱（矢高1/2）	双层砖筒壳（矢高1/10）	空心板
屋面构造	·3厚水泥砂浆压光；·35厚200号细石混凝土；·20水泥砂浆找平；·60厚砖拱；·60厚空气层；·60厚砖拱	·二毡三油酒豆砂；·冷底子油一道；·20水泥砂浆找平；·60厚砖拱；·100厚白灰炉渣；·120厚砖拱；·顶棚抹灰	·3厚水泥砂浆压光；·35厚200号细石混凝土；·20水泥砂浆找平；·60厚砖拱；·60厚空气层；·60厚砖拱；·120厚砖拱；·顶棚抹灰	·白灰砂浆砌二皮砖；·素土夯实，最薄处300；·180厚砖拱；·顶棚抹灰	·30厚水泥砂浆压光；·60厚砖筒壳；·20厚水泥砂浆抹面；·60厚砖筒壳；·顶层抹灰	·二毡三油酒豆砂；·冷底子油一道；·20水泥砂浆找平；·100厚白灰炉渣；·180厚钢筋混凝土空心板；·顶棚抹灰
主要用材	钢材/(kg/m^2)	1.95	1.95	1.95	3.14	2.61
	水泥/(kg/m^2)	27.15	24.96	34.40	41.50	43.50
	木材/(m^3/m^2)	0.00695	0.00695	0.00695	0.00920	0.00010
	砖/(块/m^2)	68	68	102	443	68
造价（直接费用）/(元/m^2)	9.14	10.90	12.52	22.21	12.84	17.10

注：1. 资料来自《扁平砖拱建筑》。
2. 主要用料及造价按1971年山西省《建筑安装工程统一定额》计算。

附表 3-17 楼板经济指标分析

楼板形式	砖拱（矢高1/10）	砖筒壳（矢高1/10）	空心板
屋面构造	·20厚水泥砂浆抹面；·白灰炉渣填平；·120厚砖拱；·顶棚抹灰	·20厚水泥砂浆抹面；·白灰炉渣填平；·120厚砖拱；·顶棚抹灰	·20厚水泥砂浆抹面；·120厚白灰炉渣；·180厚钢筋混凝土空心板
主要用材	钢材/(kg/m^2)	1.95	1.95	2.61
	水泥/(kg/m^2)	27.15	24.96	43.50
	木材/(m^3/m^2)	0.00695	0.00695	0.00010
	砖/(块/m^2)	68	68	
造价（直接费用）/(元/m^2)	9.14	10.90	17.10

注：1. 资料来自《扁平砖拱建筑》。
2. 主要用料及造价按1971年山西省《建筑安装工程统一定额》计算。

附表 3-18　勒·柯布西耶对加泰罗尼亚拱的运用

1920 年的整体"monol"住宅	这个预计批量生产的廉价住宅的屋顶和楼板是扁平拱，但不是用砖做的。楼板与顶棚用波形石棉板做模板，上浇大约几厘米厚的混凝土；波形板留在楼板与顶棚里形成隔离层。柯布西耶认为这是一项独创的发明，还试图申请专利。很可能是柯布西耶在游历时受到过加泰罗尼亚拱的启发	
1933 年，苏黎世，人寿保险公司大厦	屋顶采用了加泰罗尼亚拱的几何形式，"集会大厅作为建筑的冠冕，统摄风景""从集会大厅出来便是视野辽阔的屋顶花园，湖波和阿而卑斯山脉那雄奇的景观尽收眼底"	
1934 年，农田改组：合作村庄	屋面由一系列轻质薄拱构成，为了绝热，上面覆盖着腐殖土	
1934～1938 年，农田改组：合作村庄	"这种农场建筑采用可拆卸的模板浇筑钢筋混凝土的平拱薄壳，上覆土层，可以种植草和灌木。新的农场建筑就这样在优雅拱顶的轻巧之中诞生了，它们重新披上了青绿，与周围的景色融为一体。"（《柯布西耶全集·第三卷》）	
1935 年，巴黎市郊的一栋周末住宅	"这是一栋位于树木遮蔽之后的小住宅，设计必须遵守的原则是：使它尽可能不被看见。结果：建筑的高度降至 2.6m，被安置在基地的一隅；平拱（注：钢筋混凝土）屋面上覆土植草，选择极为传统的材料，以裸露的磨石粗砂岩砌筑。"（《柯布西耶全集·第三卷》）	
1942 年，北非，农垦区的宅邸	"拱形屋面用空心砖，皆由当地工人建造。"（《柯布西耶全集·第四卷》）	
1948 年，圣博姆（"徒安事件"居住的永久之城）	屋顶采用了加泰罗尼亚拱的几何形式，"再不会有平庸的建筑与规划形式，一切都是对风景的膜拜，是与风景的协调，是风景自身的表达：建筑发现风景，或者，正是风景使建筑的存在达到其所热望的和谐"（《柯布西耶全集·第五卷》）	
1949 年，燕尾海角的"Roq"和"Rob"	屋顶采用了加泰罗尼亚拱的几何形式，"美，源自统一。"（《柯布西耶全集·第五卷》）	

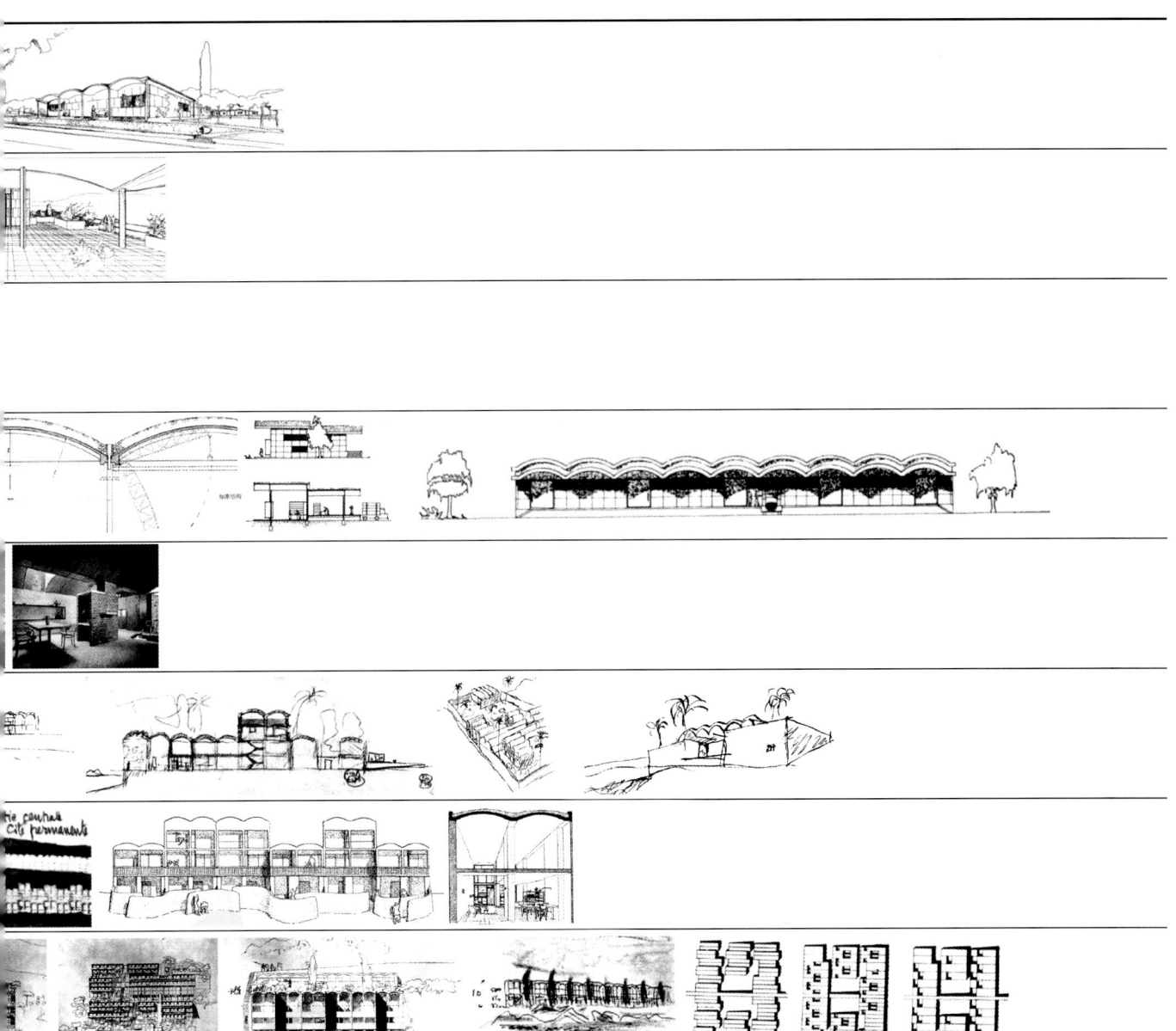

附表 3-18　勒·柯布西耶对加泰罗尼亚拱的运用（续）

时间/项目	描述	图示
1950 年，瑞士恒湖湖畔，富埃特教授的住宅	屋顶采用了加泰罗尼亚拱的几何形式。"简朴的住宅亦显现庄重高贵。"（《柯布西耶全集·第五卷》）	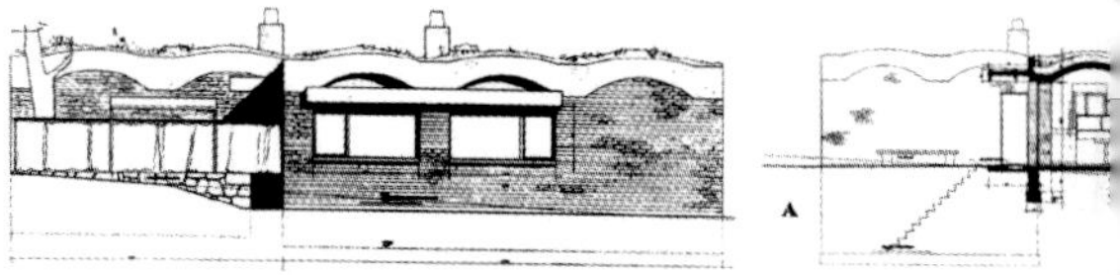
1951～1954 年，雇工住宅周末住宅	屋顶采用了加泰罗尼亚拱的几何形式，"造价低廉的住宅：雇工住宅""这个雇工'村'作为整体，可以安置在首府各区的适当的地点。"（《柯布西耶全集·第五卷》）	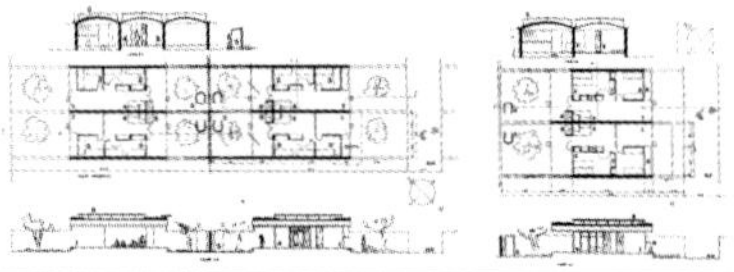
1952 年，艾哈迈达巴德，Chinubhai Chimanbhai 先生别墅	遮阳顶采用了加泰罗尼亚拱的几何形式	
1952 年，艾哈迈达巴德 Sorottam Hutheesing 先生别墅	遮阳顶采用了加泰罗尼亚拱的几何形式	
1952 年，艾哈迈达巴德，Mona Sarabhai 女士别墅	屋顶和楼板采用了加泰罗尼亚拱的几何形式	
1955 年，马诺拉玛·萨拉巴伊女士的别墅，艾哈迈达巴德	"结构采用加泰罗尼亚拱：内壁呈筒形，其建造无需模板，以平板瓦直接嵌在灰泥中，衬上一皮砖，最后以混凝土浇筑成形，这些半筒拱以裸露的混凝土过梁为媒介支撑在墙体上，在平行的墙体上开洞，便产生了虚实对比构成一场紧张的建筑游戏。""这栋房子有许多可探索之处，其中最出色的当数屋面：屋面由半筒拱构成，只要做好防水，便可以覆土土壤：如此一来房子的上方将出现一处美丽的花园，满铺绒绒的细草，点缀着迷人的鲜花，不要滥植，寥寥几株足矣。""加泰罗尼亚拱的美要求宁静。原本考虑使用可转向的落地式电风扇，但由于经济上的原因，使用者安装了巨大的吊扇，在顶棚下呜呜作响。"（《柯布西耶全集·第六卷》）	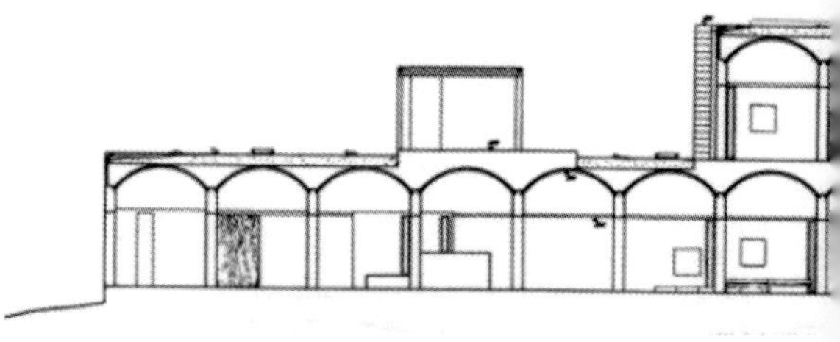
1954～1956 年，塞纳河畔的讷伊，贾奥尔住宅	"这是战后柯布遇到的最棘手的问题之一：基地充斥着相互矛盾的规章，任务书错综复杂，预算受到强硬的限制，而今天私人建筑的造价却相当高昂，柯布决定重新启用最常见最基本的材料，砖、平板瓦、加泰罗尼亚拱，以平板瓦代替模板，最终留在拱的内表面，覆土植草的屋面。"（《柯布西耶全集·第六卷》）	

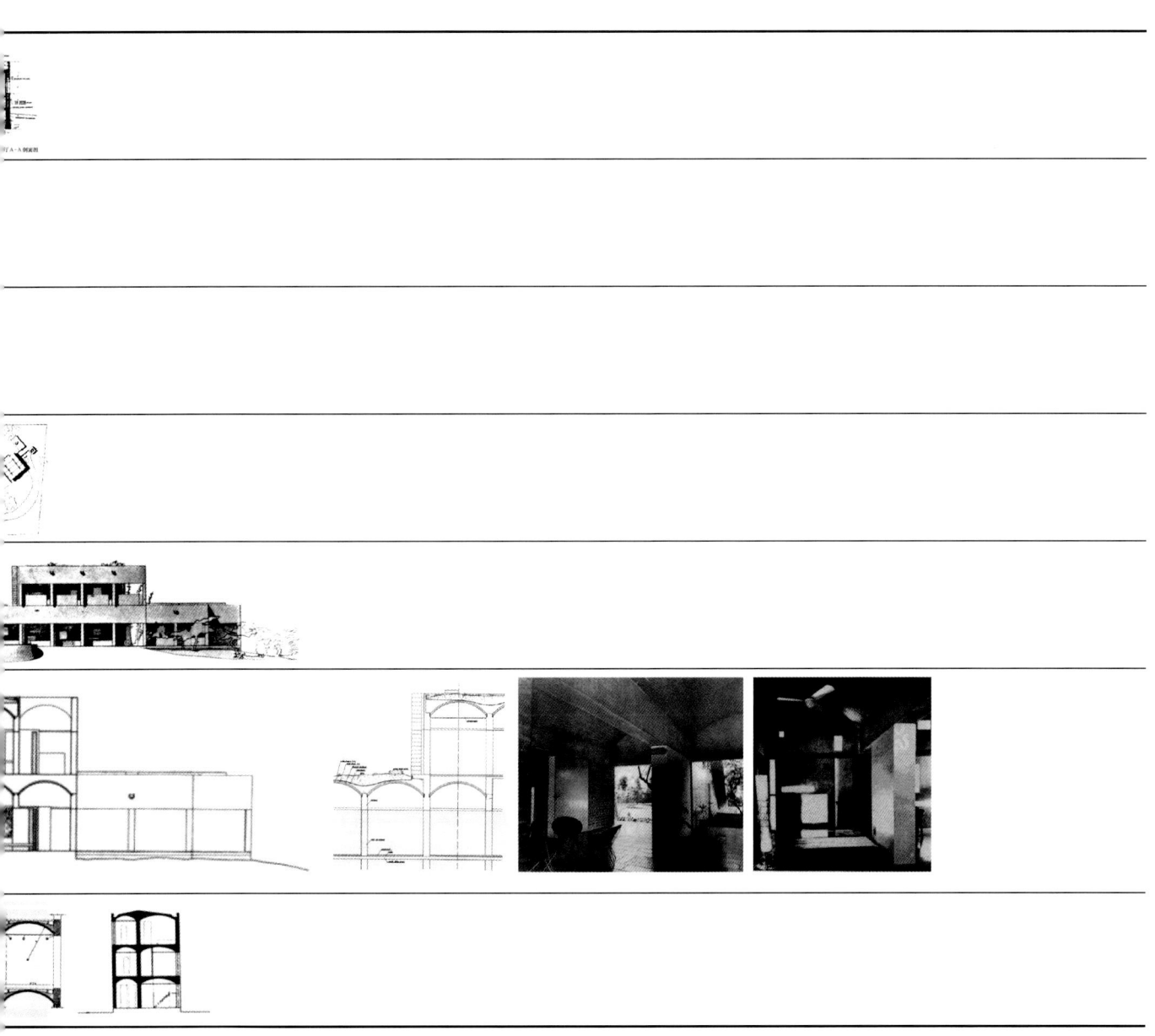

注：附表3-18的图片，均出自《勒·柯布西耶全集》（中国建筑工业出版社，2005）

参考文献

[1] MERRILL A F. The Rammed Earth House[M]. New York: Chelsea Green Publishing, 1947.

[2] KNAPP R G. Chinese Earth-Sheltered Dwellings: Indigenous Lessons for Modern Urban Design[M]. Honolulu: University of Hawaii Press, 1992.

[3] MINKE G. Building with Earth[M]. Berlin: Birkhauser, 2006.

[4] DETHIER J. Down to Earth——Mud Architecture: an old idea, a new future[M]. London: Thames and Hudson, 1982.

[5] JAMES STEELE. An Architecture for People: the complete works of Hassan Fathy[M]. London: Whitney Library of Design, 1997.

[6] FATHY H. Architecture for the Poor[M]. Chicago: University of Chicago Press, 1973.

[7] STEELE J. Hassan Fathy[M]. Sussex: Academy Editions, 1988.

[8] EASTON D. The Rammed Earth House[M]. New York: Chelsea Green Publishing, 1996.

[9] BAKER L. Folio——URBAN SPACES: Of Architectural truths and lies[M]. Mumbai: Actar, 1999(08.01).

[10] SINGH J, WARKHANDKAR S. Laurie Baker's creative journey[J]. Frontline, 2003, 20(5).

[11] HASAN UDDIN K. Contemporary Indian Architecture After The Masters[M]. Ahmedabad: Mapin Publishing, 1990.

[12] BHATIA G. A moment in architecture[M]. New Delhi: Tulika Books, 2002.

[13] ANDERSON S. Eladio Dieste: innovation in instructural art[M]. New York: Princeton Architectural Press, 2004.

[14] OCHSENDORF J. The Transfer of Thin Masonry Vaulting from Spain to America[J]. The Journal of the Society of Architectural History, 1968, 27(3).

[15] LGNASI DE SOLA-MORALES, CIRICI C, RAMOS F. Mies van der Rohe: Barcelona Pavilion[M]. Barcelona: Editorial Gustavo Gustavo Gili, 1998.

[16] CLLINS G R. Antonio Gaudio: Structure and Form[M]. Rome: Edizioni Kappa, 1963.

[17] SNELL C. The Good House Book: A Common-Sense Guide to Alternative Homebuilding[M]. New York: Lark Books, 1998.

[18] GRUBER A. Bauen mit Stroh[M]. Rastede: Ökobuch Verlag, 1999.

[19] НАГОРСКИЙ Н В. 土坯建筑 [M]. 张秋涛, 译. 北京: 建筑工程出版社, 1958.

[20] 林恩, 亚当斯. 新乡土建筑: 当代天然建造方法 [M]. 吴春宛, 译. 北京: 机械工业出版社, 2005.

[21] 亚历山大, 戴维斯, 马丁内斯, 等. 住宅制造[M]. 高灵英, 李静斌, 葛素娟, 译. 北京: 知识产权出版社, 2002.
[22] 博奥席耶. 勒·柯布西耶全集: 第四卷[M]. 牛燕芳, 程超, 译. 北京: 中国建筑工业出版社, 2005.
[23] 博奥席耶. 勒·柯布西耶全集: 第五卷[M]. 牛燕芳, 程超, 译. 北京: 中国建筑工业出版社, 2005.
[24] 波普. 实验住宅[M]. 张亚齿, 张帆, 等译. 北京: 中国轻工业出版社, 2002.
[25] 理查森. 新乡土建筑[M]. 吴晓, 于雷, 译. 北京: 中国建筑工业出版社, 2004.
[26] 明克, 弗里德曼·马尔克. 秸秆建筑[M]. 刘婷婷, 余自若, 杨雷, 译. 北京: 中国建筑工业出版社, 2007.
[27] 德普拉泽斯. 建构建筑手册[M]. 大连: 大连理工大学出版社, 2007.
[28] 中国科学院自然科学史研究所. 中国古代建筑技术史[M]. 北京: 科学出版社, 1998.
[29] 韦敏才, 阮永芬. 高烈度地震区住宅工程设计与施工[J]. 昆明理工大学学报, 2000(1): 57-59.
[30] 肖小松. 混凝土砌体的性质[R]. 同济大学博士后工作报告, 1998(5).
[31] 谢小军. 混凝土小型砌块砌体力学性能及其配筋墙体抗震性能的研究[D]. 长沙: 湖南大学, 1998.
[32] 苑振芳, 何振文. 15层配筋砌块住宅试点工程简介[J]. 施工技术, 1998(7): 20-22.
[33] 苑振芳, 高连玉. 混凝土砌块建筑发展现状及展望[J]. 工程建设标准化, 1998(6): 14-21.
[34] 吕猛, 李强, 汪海霞. 配筋砌块砌体剪力墙结构在高层住宅中的应用研究[J]. 住宅科技, 2005(3): 18-20.
[35] 张问清. 双曲砖拱的调查和研究[J]. 同济大学学报, 1957(1): 25-35.
[36] 邹德侬, 戴路. 印度现代建筑[M]. 郑州: 河南科技出版社, 2003.
[37] 万晓红. 秸秆资源化利用技术分析及新途径探讨[J]. 农业环境与发展, 2006(3): 39-42.
[38] 戴志中, 黄颖, 陈宏达, 等. 砖石与建筑[M]. 济南: 山东科学技术出版社, 2004.
[39] 刘家琨. 此时此地[M]. 北京: 中国建筑工业出版社, 2002.
[40] 彭雷. 大地之子: 英裔印度建筑师劳里·贝克及其作品述评[J]. 新建筑, 2004(1): 71-74.
[41] 国家标准抗震规范管理组. 建筑抗震设计规范[M]. 北京: 中国建筑工业出版社, 2002.
[42] 苑振芳. 《配筋砌体结构设计规范》(ISO 9652—3)介绍[J]. 建筑结构, 2002(8): 69-73.
[43] 韦敏才, 阮永芬. 高烈度地震区住宅工程设计与施工[J]. 昆明理工大学学报, 2000(1): 57-59.

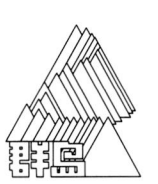

群岛 ARCHIPELAGO 是专注于城市、建筑、设计领域的出版传媒平台。由群岛 ARCHIPELAGO 策划、出版的图书曾荣获德国 DAM 年度最佳建筑图书奖、中国政府出版奖、中国最美的书等众多奖项；曾受邀参加中日韩"书筑"展、纽约建筑书展（群岛 ARCHIPELAGO 策划、出版的三种图书入选为"过去 35 年中全球最重要的建筑专业出版物"）等国际展览。
群岛 ARCHIPELAGO 包含出版、新媒体、书店和线下空间。
info@archipelago.net.cn
archipelago.net.cn

本书包括总述、泥土建造、砖材建造、总结与讨论四部分内容，对泥土和砖材的低技低造价建造方法进行梳理、归纳和研究，通过分析这些富有智慧、诗意的低技低造价建造方法，激发人们反思何谓环保、何谓低碳，并期望对当下的设计与建造有所助益。土和砖自身的材料特征，及其建造中蕴含的低技低造价智慧是建筑创作的源泉，加以文化、建筑思潮、现代工艺等因素的渗入，成为建筑设计的切入点、启发点或更高目的的载体。本书适合建筑相关从业者、建筑学学生及建筑文化爱好者阅读参考。

图书在版编目（CIP）数据

土与砖：低技低造价建造研究 / 王宝珍编著.
北京：机械工业出版社，2025.6. -- ISBN 978-7-111-78850-8

Ⅰ. TU2

中国国家版本馆CIP数据核字第2025VM0975号

机械工业出版社（北京市百万庄大街22号　邮政编码100037）
策划编辑：赵　荣　　　　　　　　　　责任编辑：赵　荣　张大勇
责任校对：任婷婷　王小童　景　飞　　责任印制：刘　媛
北京利丰雅高长城印刷有限公司印刷
2025年9月第1版第1次印刷
205mm×190mm・4.333印张・182千字
标准书号：ISBN 978-7-111-78850-8
定价：69.00元

电话服务　　　　　　　　　　网络服务
客服电话：010-88361066　　　机　工　官　网：www.cmpbook.com
　　　　　010-88379833　　　机　工　官　博：weibo.com/cmp1952
　　　　　010-68326294　　　金　书　网：www.golden-book.com
封底无防伪标均为盗版　　　　机工教育服务网：www.cmpedu.com